Herstellung und Verlag:
BoD-Books on Demand, Norderstedt
ISBN: 978-3-7347-7884-1

Dipl.Ing.Helmut Kropp

Beiträge zur Telekommunikation

Vorwort

Die nachstehend hier eingebrachten Beiträge waren zum Großteil bereits im Internet auf meiner Homepage www.hkropp.de zu finden.

Sie wurden nun ungeändert in dieses Buch übernommen, wobei das Erstellungsdatum jeweils am Ende des Beitrages ersichtlich ist.

Die Beiträge enstanden im Laufe meiner Sachverständigen-Tätigkeit von 1980 bis 2015.

Inhalt:

1. Tür-Freisprechanlage und die FTZ 123 D 12   S.4
2. Der Abhörkrimi   S.7
3. Was ist eine "Apothekerschaltung"?   S.9
4. Das Abenteuer der Calling Cards   S.10
5. Das Ende einer TK-Anlage   S.14
6. Interessantes zur Doku-Übertragung per Telefax   S.18
7. Die Fax-Zeit   S.27
8. Features von TK-Anlagen   S.29
9. Die Filmentwickler   S.32
10. Der Handy-Feuchteschaden   S.34
11. Mobilfunk in USA - Ein Erfahrungsbericht   S.36
12. Die IMEI   S.38
13. Der Lautsprecher am Faxgerät   S.45
14. Der Mietvertrag für die TK-Anlage - ohne jedes Risiko?   S.47
15. Probleme bei ISDN-Anschlüssen   S.51
16. Der alternative Netzbetreiber – Portierung   S.53
17. Vorsicht! R-Gesprächs-Abzocke   S.55
18. Ich gehe in ein Seminar   S.58
19. Zur Technik von SMS (Short Message Service)   S.61
20. Stabilität der Systemuhr   S.65
21. Fatale Programmierung einer VOIP-Telefonzelle   S.68
22. Überspannungs-Schaden einer TK-Anlage?   S.71
23. Bewertung von TK-Anlagen   S.76
24. Aufstieg und Fall eines akkreditierten Labors   S.80
25. Tipps für das Fachenglisch   S.88
26. Erfahrungen beim Telefonieren über Digitalnetze   S.91
27. Der Start ins Internet   S.97
28. Über den Internetzugang   S.99
29. Elektronischer Lebensnachweis   S.103
30. Nostalgische technische Begriffe der Telekommunikation   S.101
31. Sabotage einer Klingel- und Türsprechanlage   S.108
32. Service bei Kleintelefonanlagen S.111
33. Grundprinzip des Simlock   S.114
34. Der Radius-Server   S.114
35. 5 Mio Verbindungsdatensätze   S.115
36. 15 Jahre Vfg.168/99 – Verbindungspreisberechnung S.117

Anhang:

- Das Verhalten vor Gericht   S.123
- Tip: Versand von Gerichtsakten, Beweisstücken...   S.127.
- Urteils-Abschriften S.130

Die Tür-Freisprechanlage und die FTZ 123 D 12

Obwohl in der Telekommunikation viel genormt ist und die dort gewohnte weitgehende Kompatibilität viel zum Erfolg beiträgt, gibt es für die Verbindung von Türsprechanlagen und TK-Anlagen keine "genormte Schaltung".

Fakt ist, dass sich Türsprechanlagen-Hersteller und TK-Anlagen-Hersteller offenbar gegenseitig ignorieren:

- die Türsprechanlage muss möglichst einfach und billig sein
 also Einzelanschluss für Mikrofon, Lautsprecher, Klingeltaster
 zusammen sechs Drähte und der Türöffnermagnet-Anschluss

- die TK-Anlage bietet die bekannte Zweidraht-a/b-Schnittstelle.
 für alle analogen Geräte, wie Telefone, Fax, Modem etc.

Türsprechanlagen haben also keine "teuere" a/b-Schnittstelle und TK-Anlagen haben keine (parallele) Türsprech-Schnittstelle. Erst in neuester Zeit hat ein Hersteller (Rocom) eine Tür-Freisprecheinrichtung mit a/b-Schnittstelle im Programm.

Bekannte Hersteller halten lieber umfangreiche Bibliotheken mit Schaltungsvorschlägen "Wie verbinde ich Sprechanlage X mit TK-Anlage Y" für ihre Kunden bereit. Bekannt ist z.B., dass die Fa.Siedle eine ganze CD mit Schaltungsvorschlägen anbietet.

Aber:

Anbieter von Tür-Sprechanlagen und Zubehör beeilen sich, in Prospekten und Preislisten stets zu versichern, ihre Geräte würden der "Norm 123 D 12" entsprechen.

Fragt man dann nach, was das für eine Norm ist und wo was steht, hat keiner eine Ahnung. Niemand weiß, was diese "Norm" mit der ungewöhnlichen Bezifferung beschreibt, aber jeder versichert, er halte sie ein.

1. Geschichte

Diese Vernebelung zu lichten war gar nicht so einfach. Die "123 D 12 Rahmenregelung für Anlagen nach Ausstattung 1" stammt nämlich von Januar 1988. Der seinerzeitige Herausgeber, das "Bundesministerium für Post- und Fernmeldewesen", existiert heute nicht mehr. Auch beim Nachfolger, der RegTP oder bei der "Deutschen Bundespost"-Nachfolgerin, der Telekom AG, Druckschriftenstelle in Darmstadt, ist die Rahmenregelung nicht mehr zu bekommen.

Es besteht daher Bedarf, etwas Klarheit in die "Rahmenregelung", dem unbekannten Wesen, zu bringen, einer Vorschrift, die keiner mehr hat, keiner mehr kennt, aber genau einhält und die immer noch zu Marketingzwecken verwendet wird.

Nun zu den "Fachwörtern". "Anlagen der Ausstattung 1" sind elektromechanische Telefonanlagen, die älteren "Postlern", heute schon im Ruhestand, und TK-Experten älterer Jahrgänge noch gut bekannt sind. Zwar gab es schon 1980 elektronische Telefonanlagen ("Ausstattung 2"), aber erst 1988, dem Jahr der Einführung der volldigitalen TK-Anlagen, hat die Bundespost mit dieser "Rahmenrichtlinie" sich noch schnell einen technischen Türsprech-Nekrolog geschrieben.

Ob man deshalb Türsprechanlagen nur an "Ausstattung 1" anschließen durfte, bleibt ein Geheimnis.

Blättert man nun amüsiert diese immerhin 56 Seiten der Vorschrift durch, findet man schließlich nur mit Mühe in einer Fußnote (!) das, was man erwartete, nämlich technische Angaben zu Türsprechanlagen.

Witzigerweise sind diese nur bei den "Familientelefonanlagen 1/4 und 2/4" (FTA) mit 1-2 Amtsleitungen zu finden, als ob Türsprechanlagen für größere TK-Anlagen nicht existierten. Im Abschnitt mit dem vielversprechenden Titel "Allgemein verwendbare Ergänzungsausstattung" ist hingegen nichts zu finden.

2. Technik

Nun zu den abgedruckten technischen Forderungen. Bei der FTA mit 1 Amtsleitung heißt es dort in der schönen, fast schon ausgestorbenen Sprache der "Fernmeldeordnung (FO)":

"13 Anschluß für eine Tür-Freispracheinrichtung anstelle einer Nebenstelle. Der Anschluß für die Tür-Freispracheinrichtung ist nichtamtsberechtigt.*)

14 Anschluß für das Betätigen eines elektrischen Türöffners. Von den Sprechstellen aus Kennzeichengabe für das Betätigen des elektrischen Türöffners.*)"

Bei der FTA mit 2 Amtsleitungen soll gelten:

"14 Anschluß für eine Tür-Freispracheinrichtung und für das Betätigen eines elektrischen Türöffners. Bei Anschluß einer Tür-Freispracheinrichtung und/oder eines elektrischen Türöffners wird ein Anschlußorgan für Nebenstellen in Anspruch genommen. Der Anschluß für die Tür-Freisprecheinrichtung ist nichtamts berechtigt. Von den Sprechstellen aus Kennzeichengabe für das Betätigen des elektrischen Türöffners.*)

"*) Für den Anschluß einer Tür-Freispracheinrichtung ist folgende Schnittstelle vorzusehen:

Sprechweg/ a- und b-Ader   gleichstromfrei

Kontakt für das Betätigen eines   potentialfrei
elektrischen Türöffners (Schließers)   Schaltleistung 24V/0,3A
          (höhere Werte sind zulässig)

           Schließzeit 3 Sekunden
        (höhere Werte sind zulässig)

Kontakt (Schließer) z.B. zum Schalten
der Stromversorgung   potentialfrei
           Schaltleistung 24V/0,3A
        (höhere Werte sind zulässig)"

Ja und das war auch schon die Technikvorschrift der Tür-Sprechanlagen in der ganzen, berühmten "123 D 12". Wie ein Dinosaurierskelett hat sie, ungestört von Digitaltechnik, Windows, IP und Internet die Zeit überlebt.

Es bleibt also nur mehr zu hoffen, dass auch heute noch, 14 Jahre nach ihrer Publikation, die alte "123 D 12" noch vielen Sprechanlagen-Herstellern gute Geschäfte bescheren möge.

k/s 11.02

Der Abhör-Krimi

Es kommt häufig vor, dass ich einen Anruf bekomme, wie etwa den: "Kommen Sie sofort zu mir, mein Nachbar (Ex, Kollege, Freund) hört mich ab!" Inzwischen kann ich damit umgehen, ich komme nicht sofort, sondern zuerst schicke ich da ein Angebot für ein Privatgutachten mit der Bitte um Zustimmung, dann höre ich seltsamer Weise nichts mehr von den "Abhörern".

Ein ganz andere Fall: Zwei Familien, beide mit kleinen TK-Anlagen und schnurlosen Telefonen, beklagen sich bei Gericht, ein "Unbekannter" würde sich regelmäßig in die Telefonate der Kids einschalten, er wisse alles, er verbinde die Gespräche der Kids miteinander, terrorisiere die Kinder.

Nun kommt bei einer derartigen technischen Konstellation sofort der Gedanke auf, ein Überwachungsplatzbeamter des Netzbetreibers treibe da sein Unwesen. Dort hingegen schwört man Stein Auf Bein, daran sein nichts, da sei niemand tätig geworden.

Darauf geht der eine Vater zur "Wahrsagerin"(!) und die prophezeit ihm, in 14 Tagen werde der Spuk sein Ende haben(!). Der andere Vater erstattet Anzeige bei der Staatsanwaltschaft.

Beim Ortstermin sind die 14 Tage bereits vergangen und tatsächlich hat sich der Abhörer nicht mehr gemeldet.

Die übliche Überprüfung beim Ortstermin, genaue Besichtigung der Anlagen, der Apparate, der Verkabelungen, Ergebnis: nichts. Ich habe den Eindruck, dass diese Untersuchung der Familie ungelegen kommt, sie ist zurückhaltend, je verstockt, kaum Auskünfte. Was ich hingegen bei der anderen Familie zu hören bekomme, ist eine

Tonbandaufzeichnung der "Konferenz" mit dem "Abhörer". Die Stimme ist leicht verstellt, manchmal keucht er nur oder stöhnt. Die Stimme war den Betroffenen angeblich unbekannt.

Lange nach dem Ortstermin und der Gutachtenserstattung bekam ich die technische Erklärung dafür, wie es möglich sein konnte, dass sich ein "Abhörer" in das interne Netz einer TK-Anlage einschalten, dort Vermittlungsvorgänge ausführen und beliebig abhören konnte. Es sei angemerkt, das so eine Konstellation - trotz ihrer Logik - wohl nicht alle Tage zu finden sein wird.

Der Abhörer war zugleich der Installateur der ISDN-TK-Anlage mit den schnurlosen Telefonen. Er hatte sich per "Kundendaten-Programmierung" auf einer Nebenstelle volle "Administratorrechte" mit Zugang zum Wartungsport gegeben. Für den Zugang zur TK-Anlage brauchte er somit keinen Amtszugang, die ISDN-Amts-leitungen blieben frei, er musste sich lediglich in der Reichweite "seiner" Nebenstelle (bestens im Schlafzimmer im 1.Stock plaziert) mit schnurlosem Telefon in einem Auto aufhalten.

Das Haus war in einem Wohngebiet, wo ein um die Ecke geparktes Auto nicht auffiel. Zusammen mit den Leistungsmerkmalen "Konferenz", "Ein-Mann-Umlegung", "Mithören" "Aufschalten" etc. konnte er quasi die volle Kontrolle über die TK-Anlage und die Gespräche der Kids ausüben.

Fazit:

Wenn auch die Motivation des Täters (Abhörers) für einen derartigen technischen Aufwand auf einer anderen Ebene liegt, sollte man die Möglichkeiten, die sich mit "Schnurlis" an TK-Anlagen ergeben, bei vergleichbaren Fällen nie aus dem Auge lassen.

Es empfiehlt sich zu Testzwecken am besten die Funktelefone durch Festnetztypen zu ersetzen und dann nochmals nachzuprüfen, ob das "Abhören" immer noch auftritt.

Der nächste Schritt wäre dann, zu kontrollieren, ob nur diese Festnetztypen an die TK-Anlage angeschlossen sind und sonst nichts. Auch, wie hier, keine "Reserve-Basisstation".

Dann ist nämlich auch das "Schnurli", das der liebe Freund aus der Nachbarschaft bei einem Besuch schnell und heimlich an einer Feststation seines besten Freundes nebenan angemeldet hat, und mit dem er zu seinen Lasten telefonieren konnte, außer Funktion.

Der liebe Freund muss ja nicht gerade ein Supporter eines Providers mit 0900..-Rufnummer sein.

hk 08/2005

Was ist eine "Apothekerschaltung"?

----

1. Definition

Unter einer Apothekerschaltung versteht man die Türfreisprechanlage bei einer Apotheke.

2. Anschluss an TK-Anlage

Vorab soll festgehalten werden, dass es keine genormten Schaltungen für den Anschluss von Türsprechanlagen an TK-Anlagen gibt.

Es gibt vielmehr eine große Vielfalt an Türsprechstellen, auch des gleichen Herstellers, und eine große Vielfalt an Interfaces zwischen Türsprechanlage und Telefonanlage.

Dabei ignorieren sich Türfreisprechanlagenhersteller und TK-Anlagen-Hersteller offenbar gegenseitig: Die Türfreisprechstelle muss möglichst einfach und billig sein und kann offenbar nie direkt gleich mit einer a/b-Schnittstelle zum Anschluss an TK-Anlagen versehen werden. Die TK-Anlage hat dann grundsätzlich keine Schnittstelle zum direkten Anschluss einer Türfreisprechanlage.

3. Die Norm 123 D 12 - siehe oben!

Die einzige bekannte Norm FTZ 123 D 12 stammt aus dem Jahr 1988 und ist nur ganz allgemein gehalten. Sie bezieht sich im wesentlichen auf die elektrischen Schnittstelle einer Türsprechstation, ohne auf die Besonderheiten der TK-Anlage einzugehen. Es wundert daher nicht, dass kaum ein Hersteller eine TK-Anlage mit der Schnittstelle FTZ 123 D 12 liefert.

Zur näheren Erläuterung der 123 D 12 siehe den gesonderten Beitrag.

4. Funktion der Apothekerschaltung

Wenn die Apotheke Nachtdienst hat, ist die Eingangstüre verschlossen, Kunden rufen den Apotheker mit einer Klingeltaste an der Türsprechanlage.

Damit nun der Apotheker nicht die Nacht im Laden verbringen muss, in Erwartung etwaiger Kunden z.b. mit Notfällen, wird die Betätigung der Klingeltaste an der Eingangstüre über das öffentliche Telefonnetz in seiner Wohnung (die dann aber nicht allzu weit von der Apotheke entfernt sein sollte) signalisiert.

Das heißt, sein Telefon in der Wohnung läutet, der Apotheker hebt ab und ist über das öffentliche Telefonnetz mit der Türsprechstelle am Eingang der Apotheke verbunden. Er kann nun mit seinem Kunden sprechen und ihn bitten, einen Moment zu warten, bis er zur Apotheke kommt, aufschließt und ihn bedient.

5. Praktische Realisierung mit TK-Anlage

Durch Drücken der Taste an der Apothekentür kann also nur eine einzige Verbindung, nämlich zu der vorprogrammierten Nummer der Wohnung des Apothekers aufgebaut werden.

Jede moderne TK-Anlage hat dazu das Leistungsmerkmal, das entweder "Babyruf", "Röchelschaltung" oder auch "Hotline" genannt wird. Die zum Türfreisprechanlagen-Anschluss vorgesehene (analoge) Nebenstelle wird dann mit diesem Merkmal programmiert.

Beim Drücken der Türtaste wird dann die a/b-Schleife dieser Nebenstelle geschlossen und die Anlage wählt dann automatisch die einprogrammierte Babyrufnummer, die TK-Anlagen-intern oder extern sein kann.

k/s 11.02

Das Abenteuer der Calling Cards

Man bekommt sie in Telefon-Shops, in Internet-Cafes oder auch beim Kiosk, manchmal bunt bedruckte Telefonkarten, manchmal bloß in Kassenzettel-Form mit der 0800-er-Nummer und der PIN. Calling Cards kosten üblicherweise so um 5 EUR, manchen Calling Cards sind auf bestimmte Regionen (USA, Russland, Afghanistan, Irak etc.) zugeschnitten.

Die Auswahl ist also sehr groß, die Qualitätsunterschiede sind es auch.

Wichtig zu wissen: Calling Cards sind nicht dazu da, in einen Karten-Schacht der üblichen magentafarbenen Telefonzellenapparate gesteckt zu werden. Dazu sind sie ungeeignet, sie haben keinen (teueren) Chip integriert. Hier muss eine "Telefonkarte" der DTAG eingeführt werden.

Ferner: Auch die DTAG gibt Calling Cards (T-Card) heraus. Wichtig: Die sollen hier aber nicht behandelt werden.

Allen diesen Karten ist gemeinsam, dass das volle (aufgedruckte) Entgelt im voraus ("prepaid") zu entrichten ist.

Funktionsprinzip

Calling Cards können an Festanschlüssen, in Telefonzellen und auch mit Mobilfunkgeräten benützt werden. An diesen Anschlüssen fällt (wegen der gewählten 0800...Nummer, siehe unten) üblicherweise kein Entgelt an.

Man wählt nicht sofort den gewünschten Anschluss, sondern zuerst eine "Gateway" mit 0800..-Rufnummer. Diese fragt nach der zu verwendenden Sprache und der PIN, die von der Karte abgelesen und eingegeben wird.

Die PIN ist mit der Calling Card und einem Konto im Verbindungsrechner verknüpft.

Dann kann man wählen, schon am Wählton merkt man, dass man jetzt in einem ausländischen Netz ist. Die Rufnummer (Inland oder Ausland) wird dabei komplett inklusive Vorwahl eingegeben. Nach einer Weile kommt dann wieder eine Ansage, z.B.im Festnetz: "Sie haben 364 Minuten" und dann kommt der Rufton und der gewählte Anschluss meldet sich.

Ist das Guthaben am Ende, gibt es mehrmals einen kurzen Warnton in das Gespräch, bis dieses mit entsprechender Ansage getrennt wird.

Versucht man es mit einer derartig "abtelefonierten" Karte nochmals, verläuft alles, wie oben beschrieben, nur kommt nach der Wahl der

Rufnummer die Ansage, dass das Guthaben nicht ausreicht und es kommt auch nicht zur Durchschaltung zum gewünschten Anschluss.

Durch Aufdruck auf der Calling Card wird der Käufer darauf hingewiesen, dass das Guthaben drei Monate nach der Erstnutzung verfällt.

Anmerkung: Das haben hierzulande die Mobilfunkbetreiber auch schon so ähnlich versucht, bis das ihnen vom Gericht untersagt wurde.

Beobachtungen im praktischen Betrieb

So wie oben beschrieben, läuft das Telefonat aber nicht immer ab. Bei einigen längeren Tests wurden folgende "Abweichungen" registriert:

- Gelegentlich ist die Telefonqualität grottenschlecht, was mit dem immer öfter eingesetzten VOIP-Betrieb zusammenhängen mag

- Ein ordentliches Duplexgespräch ist oft nicht möglich. Die Verzögerungszeit, bis der andere Teilnehmer antwortet, liegt manchmal nahe dem Sekundenbereich. Dadurch fühlt man sich an die Zeiten so um 1960-70 erinnert, als die Telefonstrecken nach USA noch über Satelliten liefen. Da war "Sprechdisziplin" angesagt, auch "Semiduplex" genannt...

- Es kann vorkommen, dass während der Verbindung neben der Sprache ein ununterbrochenes und lautes Knacken oder Ticken zu hören ist

- Nach der Guthabensansage erfolgt keine Durchschaltung, das Telefon bleibt stumm. Der Guthabensabzug (z.B. in Minuten) funktioniert aber trotzdem.

- Nach der Durchschaltung ertönt der Rufton, der gerufene Teilnehmer meldet sich nicht, auch hier läuft die Uhr ohne Gegenleistung

- Nach der Durchschaltung ertönt der Besetztton, auch hier läuft die Uhr ohne Gegenleistung.

- Die Durchschaltung zur gewählten Rufnummer erfolgt nicht, statt dessen gibt es eine Ansage: "Your long distance service has been temporarily disconnected!" und die Uhr läuft....

Es wird somit vom System nicht - im Gegensatz zum normalen Telefonbetrieb - geprüft, ob sich der Gerufene gemeldet hat. Es wird einfach die Belegungszeit zur Tarifierung herangezogen.

- Hat man die Karte einmal benutzt, ohne dass das Guthaben verbraucht ist, kann es schon geschehen, dass dieses plötzlich auf Null gestellt wird, noch vor dem Ablauf der versprochenen drei Monate.

Dann stelle ich mir dazu den Provider vor, der seinen "monthly revenue" besichtigt und feststellt "too low" und dann einige "accounts" (=PINS) in seinem Rechner bzw. deren Guthaben zwecks sofortiger Ertragsverbesserung radikal auf Null setzt.

In der Fach-Presse konnte man vor kurzem lesen, dass einige Provider erfolgreich mit "gestohlenen" Verbindungszeiten arbeiten.....

- Die Nachkontrolle der angesagten Verbindungsdauer sollte man besser nicht machen. Von Nutzungsbeginn bis zum Ende kann da schon manchmal nur ein Bruchteil dieser Zeit herauskommen.

- Festgestelltes Beispiel: Nach drei Telefonaten mit USA, Dauer zusammen 45 Minuten, war das Guthaben plötzlich am Ende.

Dabei passt die Ansage beim zweiten Gespräch noch so einigermaßen, nach dem zweiten Gespräch wundert man sich und das dritte Gespräch wird schon durch Pieps beendet.

Das wären dann nicht die versprochenen 5,00/364 = 0,0137 EUR pro Minute, sondern 5,00/45 = 0,11 EUR/Min.!

Vergleich: Ein Telefonat in die USA über "Call-by-Call" (Arcor) am 08.04.07 um 20 Uhr mit 10:44 min Dauer kostete EUR 1,3866. Das sind dann umgerechnet etwa EUR 0,13/min.

- Es ist in der Branche bekannt, dass einige Provider einen Zuschlag je Verbindung (auch in variabler Höhe) abziehen, dies aber weder auf der Calling Card noch anderswo, z.B. im Internet bekanntgeben.

- Es kommt auch vor, dass ein Restguthaben in geringer Höhe von z.b. 10 Minuten gar nicht mehr genutzt werden kann. Die Durchschaltung zur gewünschten Verbindung wird dann einfach verweigert und der Restbetrag nach der Verfallszeit einfach eingesackt.

Wer so etwas nicht hinnimmt und sich heftig beschwert, bekommt im "Call-Shop" vielleicht ein Schulterzucken als Antwort, manchmal Rabatt (EUR 4,50 statt EUR 5,00) oder gar eine neue oder andere Karte (eines anderen Providers) als Naturalentschädigung.

Die Vielfalt der Karten ist sehr groß, die Qualitätsunterschiede sind es auch, und wer heute als Provider Calling Cards anbietet, ist ggf. morgen schon mit dem Ertrag zufrieden abgetaucht...

hk 08/07

Das Ende einer TK-Anlage

Es war einmal eine ISDN-TK-Anlage in einer Steuerberaterkanzlei, die war schon lange in Betrieb und funktionierte tadellos.

Sie hatte auch eine USV dabei, die funktionierte auch tadellos und versorgte auch noch die Kanzlei-EDV mit. Aber eines Tages kam dort die Alarmlampe, die anzeigte, dass die Batterie der USV zu wechseln wäre.

Da kam nun ein EDV-USV-Spezialist, der schaltete einmal die Anlage aus und erneuerte die USV-Batterie. Und hernach war alles kaputt. Die USV funktionierte zwar wieder, aber die TK-Anlage funktionierte nicht mehr.

Also erklärte der Steuerberater über seinen Anwalt per Schriftsatz, durch das Ausschalten habe der USV-Spezialist die TK-Anlage kaputt gemacht.

Stromausfall bei einer TK-Anlage

TK-Anlagen sind so gebaut, dass sie ohne weiteres einen Netzausfall oder einen Ausfall der Notstromversorgung ohne Störungen überstehen können. Natürlich ist, ohne Notstromversorgung, während des Ausbleibens der Netzstrom- oder Notstromversorgung, ein Betrieb der Anlage nicht möglich. Bei Wiederkehr der Netzversorgung jedoch startet die Anlage selbsttätig ein Anlaufprogramm, das in einem Festwertspeicher sich befindet und auf die in der Anlage gespeicherten kundenspezifischen Daten zurückgreift.

Es wäre z.B. undenkbar, wenn bei einem Stromausfall z.B. in einem Stadtviertel anschließend sämtliche TK-Anlage kaputt wären oder erst per manueller Datensicherung wieder betriebsbereit gemacht werden müssten.

Kundenspezifische Daten

Diese Kundendaten sind: welche Nebenstelle hat welche Nummer, wie viele ISDN-Anschlüsse, welche Ports sind analog und haben welche Rufnummer usw. Diese Daten werden bei der Installation der TK-Anlage erstellt und in die TK-Anlage übertragen. Dort sind sie zumeist in einem batteriegestützten C-MOS-Speicher abgelegt. Die üblicherweise sich auf der Platine oder auch leichter auswechselbar, an einem besonderen Ort befindliche "Stütz"-Batterie ist zumeist eine Lithiumbatterie mit einer langen Lebensdauer von 10 Jahren und für die Datenhaltung auch bei Stromausfall verantwortlich.

Sie darf also nicht mit der üblichen "USV"-Anlage verwechselt werden, die die ganze Anlage eine gewisse Zeit betriebsbereit hält. Die Li-Batterie hält nur die Anlagendaten-Speicher unter Strom.

Datenhaltung kundenspezifische Daten

Daraus folgt, dass es bezüglich der Kunden-Datenhaltung nicht so sehr auf die Versorgung der Anlage, ob mit Netz oder per Notstrombatterie ankommt, sondern vor allem auf die Qualität der Li-Batterie zur Erhaltung der Kundendaten. Hat diese ihr Lebensende erreicht, kann sie natürlich die Kundendaten nicht mehr selbst-tätig halten.

Davon merkt man normalerweise nichts, denn die Versorgung dieses Speichers der kundenspezifischen Daten erfolgt auch aus dem Netz über entsprechende Regler und Stellglieder. Erst beim Wegbleiben dieser "Normalversorgung" sollte die Lithiumbatterie einspringen, ist sie defekt, gehen dann natürlich die kundenspezifischen Daten verloren.

Eine Alarmierung wie bei der USV war vielleicht auch hier implementiert, wenn auch nur für das Servicepersonal, und erst bei einem Servicebesuch mit Anschluss des Service-Laptops.

Recover der Kundendaten

Früher einmal, als die TK-Anlagen hardwarebasiert waren, waren Kundendatenspeicher kein Thema. Alle "Features" waren hardwaremäßig "verdrahtet", die konnte der Strom beliebig wegbleiben. Schon bei der Fertigung der Anlage war so ein Ding sofort betriebsbereit.

Ohne Kundendaten ist eine softwarebasierte ISDN-TK-Anlage heute aber nicht funktionsfähig, sie zeigt höchstens einige wenige Grundfunktionen. Die Wiederherstellung des Normalzustandes erfolgt dann so, dass die Li-Batterie ersetzt wird und die bei der Installation der Anlage bzw. beim letzten Service gesicherten Daten in die Anlage wieder eingespielt werden. Ist dies erfolgreich, funktioniert die TK-Anlage wie zuvor.

Datensicherung der Kundendaten

Die Datensicherung der TK-Anlage befindet sich üblicherweise auf Bändern oder z.B. auf CDs, die entsprechenden Peripheriegeräte (früher Bandgeräte, heute Laptops) sind zum Einspielen des Updates natürlich erforderlich. Sie werden nicht bei der Anlage oder beim Kunden, sondern üblicherweise beim Serviceunternehmen der TK-Anlage vorgehalten.

Manchmal sind die Datenträger auch in der TK-Anlage zu finden, wo sie an einem geschützten Ort aufbewahrt sind.

Datensicherung älterer TK-Anlagen

Fachleuten ist bekannt, dass die für ältere TK-Anlagen erforderlichen externen Datensicherungsgeräte (oft spezielle Bandgeräte) bei den Serviceunternehmen entweder nur schwer oder gar nicht mehr aufzufinden sind, dass die Datenträger des Kunden mit der letzten Datensicherung nicht mehr vorhanden sind oder dass der (ältere) Mitarbeiter, der das Sichern noch konnte, nicht mehr in der Firma ist.

In diesem Fall sind dann die Bemühungen zur Auffindung der Datensicherung und ihrer Durchführung bald beendet und es wird - anstelle der Reparatur des Systems USV+TK-Anlage - die Irreparabilität der TK-Anlage aufgrund des Alters erklärt.

Wie wäre man richtig vorgegangen:

- Datenspeicher (CD, Band etc. der Kundendaten suchen) und Aktualität der Daten prüfen

- falls nicht vorhanden, vor dem Ausschalten der TK-Anlage Servicegerät ermitteln, besorgen und Kundendaten sichern oder sichern lassen

- erst dann Anlage ausschalten und Reparaturen vornehmen (in genannter Reihenfolge)

Anmerkung: der Versuch, die Li-Batterie unter Strom also ohne auszuschalten zu wechseln, wird mit hoher Wahrscheinlichkeit schief gehen

- Anlage wieder einschalten und, falls Daten in der Anlage nicht mehr vorhanden sind, Datensicherung einspielen

Ähnliche Fälle: Batterien in PCs, Laptops

sind meist billige NiCad-Akkus. Sie gehen zwar auch nach einer bestimmten Zeit kaputt und meist tritt dann der Elektrolyt aus und zerstört die Leiterplatte, in die der Akku eingelötet war.

Hier ist allerdings die Datensicherung besser, nach Reparatur und Säuberung und Akkuersatz lässt sich dann zumeist der PC ohne Probleme mittels der Software "on board" wieder in Betrieb nehmen.

Speicheroszilloskop

Ein teures Speicheroszilloskop Marke Hitachi funktionierte eines Tages nicht mehr und teilte mir per Bildschirm-Message mit, dass die Batterie zu wechseln sei. Hier war das Problem vor allem: Wo ist die Batterie? Dazu musste das Scope fast vollständig zerlegt werden, erst nach Abnahme einer Abdeckplatte unter der Hauptplatine kam die Li-Batterie zum Vorschein und um zu den Lötstellen auf der Lötseite zu gelangen, war weitere Zerlegearbeit nötig.

Die Beschaffung der (exotischen) Batterietype war dann der leichteste Job bei dieser Reparatur. Das Scope hatte die Software zum "Recovery" bereits eingebaut.

Die bessere Speicherung

Ich erinnere mich noch gut an eine TK-Anlage von Philips in den 80er-Jahren, die hatte keine C-MOS-Lithium-Speichersicherung, sondern solide EAROM-Speicher (Electrical Alterable Read Only Memories). Für Softwareleute: Diese Speicher hielten auch nach dem Ausschalten des Stroms beliebig lang ihren Daten und brauchten keine Stützbatterie.

Da konnte nichts passieren. Die Anlage benahm sich hinsichtlich der Kundendaten wie ein hardwareverdrahtetes System.

Wahrscheinlich ist man aus Kostengründen (Geiz ist geil) davon inzwischen abgekommen.

hk 06-09

Interessantes zur Dokumentenübertragung per Telefax

(Telefax, von "fac simile", lat.: mache ähnlich wie)

1. Allgemeines

Telefaxübertragung nennt man eine Art der Übermittlung von grafischen Informationen (Vorlage, Dokument) über das Telefonwählnetz (PSTN) von einem Sender zu einem Empfänger.

Sender und Empfänger befinden sich dabei in geeigneten, selbständigen Geräten zusammen mit Abtaster und Drucker sowie einem Telekommunikationsteil; sie werden Telefaxgeräte genannt. Daneben gibt es noch PC-Steckkarten oder Faxboxen oder Großcomputeranlagen, Faxserver udgl. mehr.

2. Uhrzeit

Die Uhrzeit in der Kommunikationszeile kommt nämlich nicht, wie oftmals irrtümlich angenommen, wie früher bei Telex, quasi amtlicherseits aus dem Netz, sondern kann von jedermann an seinem eigenen Faxgerät beliebig eingestellt werden.

Die Uhrzeit in den Sendeberichten hängt somit von der Einstellung durch den Benutzer ab. Klassischer Fehler: Die Umstellung von Sommer- auf Winterzeit oder umgekehrt wird vergessen. Kein mir bekanntes Faxgerät stellt die Uhrzeit automatisch um und meldet dies dem Benutzer (wie z.b. manche Windows-PCs).

Weiterer Fehler: Die Batterie des Empfangsgerätes, die die Echtzeit-Uhrzeitschaltung speist, trocknet aus und die Uhr zeigt dann beliebige Ziffern an.

Unterschied zum Telexdienst: Beim Telexdienst kam die Zeit im Sende-/Empfangsbericht jedoch vom Telekom-Netz, und nicht vom Endgerät.

3. Sendedauer

Es wird oft versucht, abgesandte Telefaxschreiben anhand ihrer im Sendejournal vermerkten Sendedauer zu identifizieren.

Zum Thema "Dauer" ist anzumerken, dass jedes Telefaxgerät die "Übertragungsdauer" unterschiedlich interpretieren kann, das eine Gerät zum Beispiel ab Eintreffen des Rufes, das andere ab Beginn des Handshakes oder erst ab Beginn der Dokumentenübertragung.

4. Handshake

4.1

Vor und nach der Übertragung des Dokuments und auch zwischen den Seiten bei mehrseitigen Telefaxen findet ein sogenanntes "Hand-shake-Verfahren" zwischen den beiden beteiligten Geräten statt.

Dieses Verfahren ist von der eigentlichen Bild-Dokumentenübertragung (z.B. mit 14400, 9600, 7200, 4800 oder 2400 bit/s) zeitlich getrennt und arbeitet zeichenorientiert mit einer anderen Geschwindigkeit (nämlich 300 bit/s, und ev. 2400 bit/s).

Die Geräte tauschen dabei ihre Kennung aus und teilen beim "Handshake" dem jeweils anderen Gerät mit, mit welcher Geschwingigkeit sie arbeiten, mit welcher Auflösung (NORMAL oder FEIN) die Vorlage übertragen werden soll und welches Übertragungs-Verfahren sie benützen und ob z.B. bei der vorhergehenden Seite Probleme auftraten.

4.2

Beim Handshake wird auch die Kommunikationszeile übertragen. Diese soll der Benutzer selber normgemäß einstellen. Dazu folgende Vorschrift:

"Die Kennung hat folgendes Sendeformat:

- Das Zeichen "+"
- Die Zahl "49"
- Zwischenraum
- Die Ortsnetzkennzahl ohne voranstehende 0
- Zwischenraum
- Die Teilnehmerrufnummer

und steht rechtsbündig innerhalb eines Feldes von 20 Stellen. Nicht benützte Formatstellen müssen durch Zwischenräume ausgefüllt werden."
(aus " DTS Der Telefax Standard VDMA 24985-1")

Wie die Praxis zeigt, beachten keineswegs alle Benutzer diese Norm. Oft kommen leere Kommunikationszeilen beim Empfänger an.

5. OK-Vermerk

Wie kommt die Empfangsquittung ("OK-Vermerk") zustande?

Dem Sendegerät wird nach der Seitenübertragung durch den Empfänger nach einem bestimmten Kriterium (siehe unten) mitgeteilt, ob die Übertragung "erfolgreich" oder "OK" war oder nicht. So kommt der "OK-Vermerk" zustande.

Dieses Verfahren ist international genormt (CCITT T.30), die davon abgeleitete deutsche Vorschrift ist die FTZ 18 TR 53, deren Einhaltung bis vor einigen Jahren noch für die Zulassung von Faxgeräten unbedingt erforderlich war. Die Realisierung erfolgt dabei durch entsprechende Fax-Software.

In anderen Ländern gilt die FTZ 18 TR 53 natürlich nicht. Die Vorschriften anderer Länder lehnen sich mehr oder weniger an die CCITT T.30 an: das müssen sie ja, sonst würde die internationale Faxübertragung nicht funktionieren.

Der Abdruck des sogenannten Sendeberichts mit "OK-Vermerk" ist somit das Ergebnis des Handshakes zwischen den beiden beteiligten Geräten, wobei grundsätzlich auf den Inhalt des übertragenen Dokuments keinerlei Rücksicht genommen wird.

Der OK-Vermerk bestätigt somit nicht, entgegen landläufiger Meinung, weder dass die eigentliche Faxnachricht (das Bild) korrekt übertragen wurde noch dass das Empfangsgerät das Bild korrekt ausgedruckt hat und schon gar nicht, dass der Empfänger des Fax-schreibens dieses auch gelesen hat.

Es wird dem (direkt verbundenen) Empfänger nur bestätigt, dass die in der Handshakephase (außerhalb der Bildübertragung) empfangenen Signale, vom Sender codiert, richtig decodiert empfangen wurden und dass die bei der Bildübertragung (in der Nachricht) enthaltenen codierten Zeilen der Norm entsprachen.

4. Qualitätskriterium

Eine Bedingung für das "OK" im Sendebericht ist, sofern die miteinander korrespondieren Geräte direkt verbunden sind, dass das "Qualitätskriterium" erfüllt ist.

Das Empfangsgerät prüft, wie viele Zeilen des gesendeten A4-Dokuments gestört waren.

Zwar weiß das Empfangsgerät nicht im voraus, was ihm das Sendegerät schickt. Aber durch den einheitlichen Verschlüsselungsstandard kann am Empfangsort festgestellt werden, ob eine codierte Zeile der Bildinformation richtig empfangen wurde. Der "OK" Vermerk sagt u.a. somit dem Empfänger, dass die elektrische Übertragung eines Dokumentes mit einem Qualitätskriterium zwischen 5% und 15% (einstellbar) erfolgt ist.

Ist z.B. das Qualitätskriterium des Empfängers auf 10% eingestellt, können 10% der Zeilen eines Faxdokuments gestört, unleserlich oder falsch sein, ohne dass der Empfänger sein "OK" im Sendebericht des Senders verweigert.

Ob das zwischengeschaltete Speichersystem sich an diese Normen (DTS, FTZ 18 TR 53; CCITT T.30) gehalten hat, kann hier nicht festgestellt werden.

5. Abtastvorgang

Das Sendedokument wird beim Einlesen in das Telefaxgerät zeilenweise abgetastet und die so gewonnene Information codiert. Dieses digitale Codewort erhält das Modem des Senders, die Übertragung erfolgt analog, und das Modem des Empfängers stellt es wieder digital her. Dann erfolgt der zeilenweise Ausdruck, oder bei Speichergeräten (Computer oder Standalone-Geräte mit Speicher) das Einlesen in den Speicher.

Ist nun der Scanner schadhaft oder z.B.verschmutzt, kann es vorkommen, dass Zeichen des Sendedokouments abgedeckt und damit nicht übertragen werden.

Verschmutzte Scanner erkennt die Gegenstation oft an ein oder mehreren senkrechten schwarzen Streifen über die gesamte Empfangskopie.

Aber auch das Gegenteil ist möglich, wenn z.B. beim Sender ein oder mehrere Photodioden des Scanners defekt sind, dann fehlen einfach Informationen spaltenweise.

Beispiel: ein Angebot mit "DM 168" wird dann beim Empfänger zu "DM 68", weil die "1" infolge Scannerdefekt oder -abdeckung nicht erkannt wurde. Die Empfangskopie bleibt an diesen Stellen weiß.

Scannerfehler werden mit dem "Qualitätskriterium" (siehe oben) nicht erkannt!

6. Drucken des Dokuments

Ebenso wie am Sendeort, ist die erfolgreiche ordnungsgemäße und vollständige Übertragung zum Empfangsort keineswegs gesichert, wenn der Absender einen "OK-Vermerk" erhält.

Ist der Drucker des Empfangsgerätes oder sein Papier qualitätsmäßig nicht in Ordnung, bekommt der Absender darüber keine Meldung.

Hier kann nun der Jurist der Ansicht sein: Das hat der Absender ja nicht zu verantworten, das Dokument ist zumindest elektronisch "in den Besitz" des Empfängers gelangt.

Drucker- oder Papierfehler werden auch mit dem "Qualitätskriterium" (siehe oben) nicht erkannt!

7. Vorlage verkehrt eingelegt

Es ist wichtig zu wissen, dass der Sendebericht z.B. auch dann positiv ist, wenn versehentlich die Sendevorlage verkehrt eingelegt wurde.

Ist die Rückseite der Sendevorlage weiß, erscheint beim Empfangsgerät ein weißes Blatt. Der Empfänger kann damit nichts anfangen, wirft es weg oder löscht es aus der Datei. Im Sendebericht des Absenders steht aber, dass der Empfänger ein gesendetes Dokument "OK" empfangen hat.

Nur selten sieht der Empfänger eines "weißen Blattes" in der Kommunikationszeile im Kopf des Blattes nach, wer der Absender des weißen Blattes ist.

Diese Gefahr ist besonders gegeben, wenn das Gerät "Papieralarm" gibt und jemand den Papierwechsel nicht ordnungsgemäß vornimmt. Ist noch dazu die richtige Papierlage am Gerät nicht ausreichend gekennzeichnet, ist die Gefahr groß, dass z.B. die Rolle im Gerät verkehrt zu liegen kommt.

8. Telefaxdienst

8.1

Es muss an dieser Stelle erklärt werden, wieso es immer wieder zu dem fast unbegrenzten Vertrauen in dieses derart unzuverlässige Dokumenten-Übertragungsverfahren "Telefax" kommt. Das ist zumeist historisch bedingt.

8.2

Der Vorläufer von Telefax war Telex. Zum Gerät und zum Dienst gab es eine amtliche Wartung des Gerätes, verplombte Kennungsgeber und die dazugehörige Rechtsprechung. Die Sicherheit war zwar nicht 100%, aber so an die 99% waren schon drin (das restliche 1% wurde auch "erheblicher technischer Aufwand" oder "erhebliche kriminelle Energie" genannt).

8.3

Inzwischen wurde Telex weitestgehend durch Telefax ersetzt, geblieben ist das Vertrauen in die Übertragung; völlig zu Unrecht. Wie schon lange zuvor im Telexdienst, hat die Telekom, damals noch Bundespost, anfangs versucht, einen Telefaxdienst zu installieren, u.a. mit dem Ziel, die hohe Qualität des Beweises des Zuganges des gesendeten Telex-Dokuments des seinerzeitigen klassischen Telexdienstes auch beim Telefaxdienst zu implementieren.

Zu diesem Zwecke wurde es anfangs z.b. dem Benutzer verwehrt, die Kennung selbst einzustellen. Aber schon mangels Bundespost-Personal zur Einstellung der Kennung bei den immer zahlreicher werdenden Telefaxgeräten wurde dies bald den zugelassenen Unternehmern überlassen; inzwischen kann sich jeder seine Faxkennung selber einstellen und eingeben, was er will, jede beliebige Nummer, alphanumerische Zeichen oder gar nichts.

8.4

Damit einher geht die Möglichkeit, sich selbst beliebige Sendejournale zu "basteln": Man braucht dazu nur zwei Telefaxgeräte z.B. an einer TK-Anlage mit Durchwahl. Das eine Gerät sendet mit der an ihm selber eingestellten Kennung zu einem anderen Gerät mit der an ihm selber eingestellten Kennung. Die "gewählte Rufnummer" kann auch beliebig sein, nach deren Wahl (die ins Leere geht) werden die Faxgeräte manuell zusammengeschaltet.

Im Gegensatz zu ISDN mit "network generated CLIP"-Auswertung wird beim analogen Fax die Rufnummer stets selber eingestellt.

8.5

Es wurde somit bei Telefax nicht mehr "amtlich" kontrolliert, wie seinerzeit noch bei den klassischen Telexmaschinen mit ihren plombierten Kennungsgebern. Auch ist es bei Telefax nicht mehr möglich, per Tastendruck die Identität des Gerufenen zu prüfen.

Beim Telex gab es die Taste "Malteserkreuz" (Wer da?), nach deren Drücken die Gegenstation ihren Kennungsgeber ablaufen ließ und damit ihre Identität preisgab. Diese Taste + Funktion gibt es bei Telefax einfach nicht mehr.

8.6

Eine weitere Forderung aus dieser Zeit des versuchten "Telefaxdienstes" war der Sofortausdruck des empfangenen Dokuments.

Eine Telefaxzulassung erhielt nur das Gerät, das die Empfangskopie sofort ausdrucken konnte. Speicherung und späterer Ausdruck waren nicht zugelassen. War kein Papier mehr auf der Rolle vorrätig, musste der Telefaxempfang unterbleiben, das gerufene Gerät durfte nicht antworten. Der alternative Empfang in einen Speicher war noch nicht zugelassen.

Mit der Einführung und Zulassung von einzelnen Computer-Hard- und Software-komponenten zur Sendung und zum Empfang von Telefaxdokumenten mussten diese hohen Qualitäts- und Sicherheitsforderungen vollständig aufgegeben werden. Kennung und Ausdruck moderner Telefaxeinrichtungen, ob Einzelgerät, ob PC mit integriertem Modem samt Software oder Faxmodem, unterliegen heute vollständig dem eigenverantwortlichen Gebrauch durch den Benutzer (siehe Handbuch).

8.7

Trotzdem sind alle diese Geräte heute als Endgerät am Telekommunikationsnetz zugelassen (siehe oben). Seit 4.2000 bedarf kein Endgerät in der EU einer Zulassung mehr, da sich dessen Hersteller die Einhaltung der Standards selber bestätigen kann.

Von den analog zum klassischen Telexdienst ursprünglich angestrebten Qualitäts- und Sicherheitsmerkmalen des Telefaxdienstes konnte somit nichts mehr, weder durch technische Sicherung noch durch Regulierung durchgesetzt werden.

9. Genauigkeit von Original und Faxkopie

Telefax heißt auch "Facsimile-Übertragung"; es erhebt sich die Frage, wie genau (in Länge und Breite) die Fernkopie dem Originaldokument entsprechen muss.

Für die Genauigkeit der Wiedergabe gibt es Normen, seinerzeit gab es auch Zulassungsvorschriften (z.B. FTZ 18 TR 53) und entsprechende Konformitäts-Tests bei Zulassungsstellen und akkreditierten Labors. Telefaxgeräte bedürfen heute keiner Zulassung mehr (siehe europaweite Richtline "R&TTE").

Als "Nachfolge" kann man ansehen: " Der Telefax Standard (DTS)", aber nur wenige Geräte erfüllen ihn; seine Einhaltung ist freiwillig.

Im DTS-Dokument Teil 1 wird u.a. auch auf das Dokument DIN 32742 Teil 6 Bezug genommen.

Auszug aus DIN 32 742 Teil 6:

Büro- und Datentechnik
Fernkopierer Mindestanforderungen an Empfangskopien

3 Papierformate
   Empfangskopien haben die Formate A4 oder A4L (nach DIN 476).

.....

4 Wiedergabe des empfangenen Vorlageninhalts

4.1 Die Wiedergabe des empfangenen Vorlageninhalts erfolgt im Verhältnis 1 : (1+-2%)."

Das bedeutet aber: Bei einem Telefax-Papierformat von DIN A4 gleich 210 x 297 mm:

   ist 2% von 297mm gleich 5,74 mm

oder, dass eine empfangene Kopie 291,3...302,7mm lang sein kann.

Eine Abweichung von +- 5,7 mm liegt somit noch in der "Norm", und wäre "zulässig", aber an diese Norm ist heute kein Hersteller mehr gezwungen sich zu halten.

Auch in der Breite ist mit einer Abweichung von 210 x +-2% gleich
+- 4,2 mm zu rechnen.

Diese Norm soll einen "Schlupf" beim Einzug des Originaldokuments in den Scanner und bei der Druckerausgabe erfassen. Sind die Transportwalzen der Geräte nicht mehr neu, kann es auch zu einem größeren Schlupf kommen. Daneben kann ein Bedienfehler beim Einlegen (z.B. durch Festhalten) den Schlupf zwischen Original und Kopie beeinflussen.

Es gibt somit, da es sich um zwei mechanische Systeme handelt, stets eine gewisse Strecken-Toleranz.

10. Zusammenfassung

Ausdrucke von Sendejournalen, auch von Faxdokumenten, sind, wenn allein vorgelegt, meist als Beweisstück ungeeignet. Der Grund liegt auch darin, dass die dann zu Hilfe genommenen Parameter der Faxübertragung heute praktisch jederzeit auch "offline" erzeugt und ausgedruckt werden können.

k/s 05.01

Die Fax-Zeit

Sofern das empfangene Telefaxschreiben eine Zeitangabe in der Kommunikationszeile enthält, ist diese Zeitangabe wenig aussagefähig. Diese Zeit kann man sich nämlich selber einstellen, beim Sende- wie beim Empfangsgerät, gemäß Bedienungsanleitung.

Diese Tatsache ist vielen Firmen und auch Gerichten weitgehend unbekannt. Fristen bei Gerichten können mit zeitgerecht eingelegten Einsprüchen per Faxschriftsatz eingehalten werden, oft werden solche Schreiben erst knapp vor Schluss abgesandt.

Wie kann man trotzdem zu einer verlässlichen Aussage über die Zeitgenauigkeit kommen? Sofern man für den analogen Faxanschluss einen Einzelverbindungsnachweis (EVN) bestellt hat, besteht Hoffnung.

Ein EVN besteht z.B. bei der Deutschen Telekom AG (DTAG) aus folgenden Angaben:

In der Kopfzeile die Rufnummer, darunter in Tabellenform

- Datum (Tag, Monat)
- Beginnzeit der Verbindung (Stunden:Minuten:Sekunden)
- Dauer der Verbindung (Stunden:Minuten:Sekunden)
- Zielrufnummer (ggf.mit Ländervorwahl+Rufnummer)
- Zielortsnetz/Land
- Tarifart
- Tarifeinheiten
- Nettogesamtbetrag (in EUR mit 4 Nachkommastellen)

Die Frage ist nun, wie es um die Genauigkeit der Zeitangaben bestellt ist.

Seit 2000 sind die Netzbetreiber verpflichtet, der RegTP, heute BnetzA, gemäß TKV Par.5 Abs.3 bzw. Vfg.168/99 die Zeitgenauigkeiten durch SV-Gutachten oder Qualitätssicherung jährlich nachzuweisen.

Beginnzeit (und/oder Endezeit) müssen dabei auf 500ms, die Dauer der Verbindung auf 1 s genau sein. Die Echtzeit selber muss auf 3 s mit der amtlichen Zeit (per DCF77, auch GPS) übereinstimmen.

Das bedeutet: nicht die Kommunikationszeile im Faxschreiben, nicht der "Sendebericht mit OK-Vermerk" ist genau, viel verlässlicher ist der gleichzeitig vom Netzbetreiber erstellte EVN. Dieser wird üblicherweise zusammen mit der Rechnung zugesandt.

Es gibt allerdings auch heute noch Anschlussinhaber, die den EVN aus "Datenschutzgründen" strikt ablehnen und eine sofortige Löschung aller Kommunikationsdaten nach Berechnung fordern.

Denen kann dann nicht mehr geholfen werden, siehe oben.

Oder sie behaupten, der EVN enthalte nur Daten von Telefongesprächen.

hk 09/05

Features von TK-Anlagen

Übersicht

Jedes Kommunikationssystem für Sprache muss zwei Grundfunktionen beherrschen: das Vermitteln (Switching) und das Übertragen der Sprachsignale (Transmission). Beide Funktionen können hard- und/oder softwaremäßig integriert sein, am Prinzip ändert sich nichts.

Dabei ist unter "Vermittlung" nicht nur das Verbinden von Anrufer A mit Gerufenem B zu verstehen. Das wäre dann wohl zu einfach. Den Wert guter TK-Systeme machen (heute softwaregesteuerte) "Extras" aus, die komplexe Funktionen darstellen und während, vor oder nach einer Verbindung den geübten Nutzer bei der Kommunikation unterstützen.

Einige mehr exotische "Features" sollen nachstehend beschrieben werden.

Röchelschaltung

Ich rufe eine Nummer zurück, die mir mein "Voice-Mail-System" aufgezeichnet hat. Am anderen Ende meldet sich ein Redakteur des Senders SAT 1, der, wie er sagt, für eine "Ulk- und Rate-Sendung" verrückte Items sucht.

Irgendwie ist er dabei auf die "Röchelschaltung" gestoßen, aber kein Mensch konnte ihm erklären, was das ist. So rief er die Telekom an, die wusste von nichts. Schließlich ging er im Internet auf die Suche und nach Eingabe von "Röchelschaltung" (im Beitrag über die "Apothekerschaltung") stieß er auf meine Homepage und meine Anschrift und Rufnummer.

Die Röchelschaltung, auch Hotline genannt oder in der Variante Babyruf beruht auf dem Nichtbetätigen der Wähltastatur (früher auch Wahlscheibe).

Der Name kommt vom Altersheim. In einem Zimmer geht es dem Insassen schlecht, er hat keine Kraft mehr und auch nicht mehr die geistigen Fähigkeiten, eine bestimmte Rufnummer zu wählen. Er ist, so nimmt man an, aber noch in der Lage, den Hörer (Hand-apparat) des Telefons abzuheben und vor sich hin zu "röcheln...".

Die Vermittlungsautomatik, die für diesen Anschluss auf "Röchelschaltung" programmiert ist, erkennt das Abheben des Hörers und leitet die Verbindung sofort zu einer hilfeleistenden Stelle weiter. Diese hebt ihrerseits den Hörer ab, kann aber mit dem an sie automatisch verbundenen Anrufer nicht sprechen, sie hört ihn nur mehr "röcheln" (daher der Name) und kann dann - nach Identifikation seiner Zimmernummer (heute sagt man CLIP dazu) - nachsehen gehen und ihm helfen.

Das Abheben des Hörers reicht somit bei dieser "Schaltung" zum Herstellen der vorherbestimmten Verbindung aus.

Ehe man automatische Vermittlungen kannte, gab es schon diese Schaltung. Sie hieß damals nur anders, nämlich "ZB-Schaltung" und war das einzige, was man mit dem Telefon tun konnte: Abheben oder Auflegen, mehr war nicht möglich.

Da soll es in einem Chauffeuerzimmer auch einmal so einen Apparat gegeben haben: wenn der klingelte, hatte der diensthabende Wagenlenker nur sofort abzuheben und "Jawoll, Herr Direktor" zu sagen. Für was anderes war der Apparat gar nicht eingerichtet.

"ZB" heißt Zentralbatterie, im Gegensatz zu "OB" oder "LB", was Ortsbatterie oder Lokalbatterie heißt und bedeutet, dass der zum Sprech-Betrieb des Telefons nötige Strom einer beim Telefon befindlichen Batterie (seinerzeit z.B. mit Zink-Kohle-Elementen) entnommen wurde.

Später dann speiste man die Telefonschaltung über die Kupferdoppelader aus der Vermittlungsstelle (Zentrale), so wie auch i.a. heute noch (Glasfasertelefone ausgenommen), das nannte man dann Zentralbatteriebetrieb. Beim Abheben des Hörers braucht das Telefon Strom und dieser Stromfluss wird von einer jedem Telefon zugeordneten "Schleifenstromerkennung" in der Zentrale als Verbindungswunsch des Telefons des Teilnehmers signalisiert.

Zimmermädchen-Verfolgeschaltung

Mitte der Achtziger brachte die Firma Philips eine neue Hotel-Anlage heraus, die ein besonderes "Zimmermädchen"-Merkmal hatte.

Geht das Zimmermädchen am Vormittag die Hotelzimmer putzen, ist sie der Reihe nach in verschiedenen Zimmern und kein Mensch weiß genau, in welchem. Sie kann das aber der Anlage mitteilen, wo sie ist. Im Zimmer hebt sie dann jeweils den Hörer ab und gibt eine besondere (im übrigen immer gleichbleibende) Kennzahl ein; diese sagt der Zentralsteuerung, wo sie sich befindet.

Ihre normale Dienstzimmer-Rufnummer wird dadurch nach Erkennen der Zimmernummer auf diese jedesmal umgeleitet.

Anti-Ankara-Schaltung

Um 17 Uhr ist Dienstschluss, alles geht nach Hause, und die Putzkolonne kommt. Da stehen doch überall die Telefone frei zur Bedienung herum und schon mancher Chef wunderte sich am Monats-ende, wenn die Telefongebührenerfassung ausgewertet war, wieviel seine "Mitarbeiter" nach 17 Uhr telefonierten, z.B. nach Istanbul oder Ankara....

Also wird eine Schaltung eingerichtet, die um 17 Uhr schlagartig alle Amtsberechtigungen der Nebenstellen (die üblicherweise um die Zeit noch besetzte Stellen vielleicht ausgenommen) auf "Halbamtsberechtigt" umschaltet. Das heißt, diese Nebenstelle kann von extern wohl angerufen werden, nicht aber selber extern telefonieren, z.B. nach Ankara, daher der Name.

Umlegen

Jemand bekommt ein externes Gespräch, das aber der Kollege nebenan haben sollte. Also "R"-Taste drücken (R = Rückfrage, Rückgespräch) und die Rufnummer des Kollegen wählen. Legt man dann auf oder nachdem sich der Kollege gemeldet hat, spricht man von einem "Umlegen" des Gesprächs. Mit Killen hat das nichts zu tun, englisch heißt dieser Vorgang übrigens "transfer". Ein Sonderfall dieses Features ist die

Einmann-Umlegung

das bedeutet, dass eine beliebige Nebenstelle ein Gespräch an einen anderen Anschluss (wie oben beschrieben) weitergeben kann, ohne auf das Melden des Angerufenen zu warten.

Besenkammerltelefon

In einem Raum zur Aufbewahrung von Reinigungsgeräten ("Besenkammerl") war manchmal ein halbamtsberechtigtes Telefon aufgestellt worden. Das war nun nicht zum Telefonieren der Reinigungskräfte ("Putzfrau") vorgesehen, sondern sollte seinerzeit der

Telefonistin, die einen unangenehmen Anrufer, ob Kunden oder Lieferanten, vermitteln sollte, ein Vermittlungsziel anbieten: der unbequeme Anrufer wurde dorthin vermittelt und hörte dann beliebig lang den Rufton, zwecks Abreaktion, denn dort hob sicher niemand zur üblichen Geschäftszeit ab...

hk 03.04

Die Filmentwickler

Es ist noch gar nicht lange her und eigentlich gibts es sie noch überall, die "Filmentwickler".

Man brachte ihnen vertrauensvoll die vollgeknipsten Urlaubsfilme und erhielt dann nach einiger, manchmal auch geraumer Zeit die Filmstreifen in einer bunt bedruckten Tasche zurück, zusammen mit den "Bildern" und den zu zahlenden Preis auf der Filmtasche in einem Betrag aufgedruckt.

Das war dann immer ein spannender Moment "Ist das Bild damals am Strand bei der tollen Beleuchtung abends auch etwas geworden?"

Groß dann die Enttäuschung, wenn einmal "das" Bild fehlte, und auf Nachfrage bekam man dann schon folgende flapsige Antworten "Ich habe Ihnen doch gesagt, Sie sollen den Film nicht über 36 hinaus belichten!" oder patzig "Das war leider total verdorben und ist wahrscheinlich deshalb weggeschnitten worden" o.ä.

Wer dann böse wurde und heftig reklamierte, bekam nach endlosem Disput vielleicht großzügig einen neuen (leeren) Film mit dem Hinweis auf die "Allgemeinen Geschäftsbedingungen (AGB)".

In Wirklichkeit war das Bild aber ganz prima geworden, und auch im Labor hatte es jemand (trotz oder gerade wegen Automatisierung des Prozesses hatten sie dazu Zeit) ganz ausgezeichnet gefunden und darum rasch eingesteckt.

Dieses Bild konnte dann auf verschlungenen Wegen bis auf die Seiten einer renommierten Hochglanz-Fotozeitschrift gelangen und wurde dort auch ordentlich honoriert oder gar prämiert.

Der Beweis dieses Diebstahls war natürlich nicht möglich. Der "Schöpfer" dieses Bildes hatte es ja zuvor nicht einmal gesehen und hatte kein Negativ (oder Dia) als Beweis dafür. Ein risikoloses Geschäft für die "Entwickler".

Der Fotograf war vielmehr auf das Labor angewiesen, denn ein eigenes perfektes Colorlabor konnte sich der Hobby- oder semiprofessionelle Fotograf ja in den seltensten Fällen leisten.

Dann kamen die digitalen Kameras und der einfache Selbstausdruck und die Laborbilderklauer hatten das Nachsehen, denn immer weniger Leute ließen ihre "analogen" Filme von ihnen "entwickeln".

Endlich war der Fotograf voll autark, er war nicht mehr auf Film-Entwickler und deren Gutdünken angewiesen, er war sein eigener Entwickler.

Auch wer jetzt digitale Bilder an das Labor gab, hatte zu mindestens die Möglichkeit, das Bild schon zuvor anzusehen und zu Hause eine Sicherheitskopie (zum Beweis) anzufertigen. Der Nachweis der Klauens war jetzt einfach möglich. Schlechte Zeiten für Film-Entwickler.

Doch jetzt gibt es mal wieder was Neues.

Auf der Startseite meines Internetproviders lese ich:

"Ihre Fotos und Dateien im Internet

Mit dem MediaCenter können Sie direkt aus dem Urlaub Ihre Fotos und Dateien hochladen, ordnen und an Freunde senden. Oder legen
Sie gleich Fotoalben für Ihre Freunde (die "Film-Entwickler"?) an..."

oder:

"Wohin mit Ihren Urlaubsfotos?"
"Ihre Fotos und Dateien im Internet
Zugriff von jedem Internetzugang
Geben Sie Ihren Freunden Zugang zu gespeicherten Fotos und Dateien...

"Mit 50 MB Speicherplatz 0 EUR pro Monat."

Schlussfolgerung:

Wie sicher das Internet (und die Fotos dort) sind, müssen wir gar nicht erst diskutieren, wir bekommen es täglich vorexerziert.

Auch der zum Betriebssystem-Lieferanten offene PC-Port ist jedermann bekannt.

Wie sagten schon die alten Gallier (Obelix der Film-Entwickler):

"Honny soit qui mal i pense" oder auf Deutsch: Ein Schelm ist, wer jetzt Böses hierbei denkt.

hk 08/2005

Der Handy-Feuchteschaden

Da bekomme ich ein funktionsunfähiges Mobilfunkgerät der Marke N. zur Besichtigung, es soll angeblich durch einen Feuchteschaden kaputt gegangen sein. Eine Besichtigung des Innenlebens (nach Öffnen des Gerätes, ist oft nicht ganz einfach!) ergibt keine Auffälligkeiten. Alles ist glatt und sauber, also Wasser ist da sicher nicht hineingeronnen.

Kurz darauf bekomme ich Kopie eines Schreibens eines Handy-Reparierers, der sich auf Geräte der Firma N. spezialisiert hat, mit etwa folgendem Text: "Der Gutachter hat sich geirrt. Das Gerät ist durch einen Feuchteschaden beschädigt. Hätte der Gutachter ein Hochleistungsmikroskop verwendet und den Zwischenstecker entfernt, hätte er unter diesem mit dem Hochleistungsmikroskop zwischen den Kontakten Feuchtespuren finden können."

Na gut, man lernt ja dazu. Ich habe zwar schon viele feuchtebeschädigte Leiterplatten gesehen, den Einfluss von Wasser auf der Leiterplatte kann man üblicherweise auf den ersten Blick erkennen.

Zufällig lese ich kurz darauf in einer Fachzeitschrift, die sich hauptsächlich mit Handys befasst:

"Das Handy ist heute unter Jugendlichen ein Kultobjekt. Ein neues Handy eines Jungen wird da nicht nur gebührend bewundert, es muss auch getauft werden. Dazu wird es in den vollen Bierkrug gelegt; diesen Test muss das neue N.-Handy natürlich aushalten."

Ich schließe daraus: Das weiß natürlich auch die Firma N. und setzt ihren Ehrgeiz darein, diesen Biertest zu bestehen. Also werden alle N.-Handys so gefertigt, dass sie wasserdicht sind. So was kann man ja machen.

Aber wieso gibt es dann noch feuchtegeschädigte N.-Handys?

Da erinnerte ich mich an einen Vortrag unseres Kollegen Dr.Dieter Wanders (siehe unter www.sv-edv.de, Beiträge der Mitglieder) über das Thema "Gehäuse - Sicherer Schutz oder sicheres Verderben".

Und weiters erinnerte ich mich an den Versuch, einen eiskalten Gegenstand in einen warmen Raum zu bringen: der beschlägt sich sofort mit einem Feuchtefilm.

Wenn ich nun mein N.-Handy im Auto vergessen habe und es ist im Freien eiskalt und ich hole es in die warme Wohnung: was wird wohl geschehen? Das (wohl verschlossene) Luft-Volumen im Handy ist zwar gering, reicht aber aus, eine kleine Feuchtigkeitsmenge an das Geräteinnere abzugeben, wenn ich es von eiskalt auf zimmerwarm bringe. Zusammen mit der Akkuspannung könnte das schon zu galvanischen Effekten (Materialabtragung, Korrosion) führen.

Und siehe an: Die Bedienungsanleitung der Firma N. steht ganz klar und deutlich: Keine Haftung für Schäden, wenn das Gerät kalt ist und im kalten Zustand in einem warmen Raum in Betrieb genommen wird.

Das Dilemma für den Hersteller N. ist klar: entweder macht er sein Handy wasserdicht oder temperaturwechselbeständig. Beides kann er nicht, also muss er sich via Bedienungsanleitung von der Temperatur-Wechselbeständigkeit verabschieden, will er den "Kult-Ritus Handytaufe N." bestehen.

Andere Handyhersteller machen es umgekehrt: das Handy ist natürlich nicht wasserdicht, aber Temperaturwechsel übersteht es ohne Feuchteschaden, da ein Ausgleich zwischen Innenraum und Außenwelt vorhanden ist.

Für den Benutzer aber bleibt die Diagnose "Feuchteschaden" unerklärlich. Er hat ja auch normalerweise kein "Hochleistungsmikroskop". Und normalerweise liest er auch die Bedienungsanleitung nicht, schon gar nicht die von einem N.-Handy.
hk 09.05

Mobilfunk in USA - ein Erfahrungsbericht

Wer heute ein Mobilfunkgerät mit sich herumträgt, ist es gewohnt, in allen Ländern z.b. der EU jederzeit und unkompliziert, ohne gesonderte Anmeldung etc. telefonieren zu können. Beim Überschreiten von Ländergrenzen bucht das Mobilfunkgerät automatisch in das andere Netz ein. Das gilt zumindest für die neuen Geräte, früher musste man dabei noch gesondert den neuen "Ländercode" eingeben.

Ich rufe beim Netzbetreiber an: "Ich mache demnächst Urlaub in USA, geht dort mein Handy?" Die "Hotline" ist da überfragt, sie zieht Erkundigungen ein, eine eindeutige Antwort bleibt aus. Ich frage einen Kollegen nach seinen Erfahrungen, der meint, das ist ganz einfach, nach Ankunft in USA das Handy einschalten und schon geht es. Voraussetzung sei aber ein "Dreibandhandy". Damit habe ich kein Problem, gemäß "Manual" soll das der Fall sein.

Nach der Landung in Anchorage geht das Handy aber nicht. Zwar sind die bekannten Feldstärkeanzeigen dick und fett da, aber statt des Namen des Netzes oder Netzbetreibers erscheint die Meldung "Nur Notruf".

Anchorage liegt in Alaska, das ist flächenmäßig der größte Bundesstaat der USA. Bevölkerungsmäßig ist der Staat ein Zwerg, gerade mal etwa 750.000 Einwohner, davon wohnt die Hälfte in Anchorage. Aber immerhin die Erkenntnis: Auch in Alaska gibt es ein Mobilfunknetz, das Handy hat es erkannt, aber die "Anfrage" des örtlichen Betreibers über das weltweite Datennetz, ob ich telefonieren darf, lief ins Leere, Ursache: Kein Roamingabkommen mit meinem deutschen Netzbetreiber.

Nach der Rückkehr nach Deutschland gelingt es mir endlich, jemand Kompetenten bei meinem Netzbetreiber zu erreichen, und der sagt sofort: "Klar haben wir ein Roamingabkommen mit den USA, aber immer ohne Alaska. Das hat kein deutscher Netzbetreiber!"

Jetzt bin ich aber noch in Alaska und eine SIM-Karte, die geht, soll her. Wir besuchen ein großes Kaufhaus in Anchorage, da gibt es mehrere Shops. Gleich im ersten Shop bekomme ich die Auskunft: "Wir verkaufen schon Prepaidkarten, aber nicht für fremde Mobilfunkgeräte!" Aua, also kennt man auch hier das "gebrandete" Handy.

Im dritten Stock dann stoßen wir auf einen Stand der Firma "Cellular One". Die Verkäuferin, eine "Afroamerikanerin", ist sehr kompetent, eher gelangweilt hackt sie in die Tasten ihres Terminals und dann habe ich innerhalb von fünf Minuten ohne Vertrag meine Prepaid-Berechtigungskarte für 20 US-Dollar. Die wird nun statt meiner deutschen SIM-Karte eingelegt.

Ein kleines Hindernis gibt es noch, mein Handy zeigt im Display an: "Updating SIM Card". Der Dame von Cellular One dauert das zu lange, kurzerhand greift sie unter den Ladentisch und steckt ihre SIM-Karte in ein rotes Samsung-Handy, das dann auch gleich das Netz anzeigt und gibt es mir wortlos samt Ladegerät und Bedienungsanleitung.

Ich bin einen Moment sprachlos, dann frage ich, was das kostet. Nichts, sagt die Verkäuferin, "its a refurbished one!" Und so blieb mir dann nur, mich zu bedanken.

Ja so kam ich dann unerwartet zu einem echt amerikanischen, tadellos funktionierendem Mobilfunkgerät!

Es wäre noch über mobile Telefonerfahrungen in Alaska zu berichten. Ich kann nur sagen: So wie bei uns in 1992! Damals befanden sich bei uns die Netze D1 und D2 im Aufbau und wenn ich von München nach Saarbrücken mit dem Auto fuhr, dann hatte ich mindestens sechsmal eine Unterbrechung und tote Zonen.

In Alaska war es ähnlich, nur entlang der "Touristen"- Route Fairbanks-Anchorage-Seward wird von Cellular One eine Versorgung per "Ausbreitungskarte" versprochen (die gab es damals auch bei uns!). In der Praxis fiel das Netz dann in den Bergen im Kenai-Forest ganz aus (also noch nicht als Notrufgerät für Rafter, Hiker, Climber geeignet), aber wenigstens um Anchorage herum war das Netz immer da. Abgehende Gespräche nach USA, Kanada oder Europa waren uneingeschränkt möglich, ankommende Verbindungen sowieso.

Noch am Abreisetag lernte ich die Vorteile eines betriebsbereiten Mobilfunkgerätes schätzen, als ich damit den (indischen) Taxifahrer per Handy zu meinem Standort in einem Außenbezirk von Anchorage lotsen konnte, um zum Flughafen zu kommen. Bus oder S-Bahn gab es dort natürlich nicht.

Gespannt war ich, wie die Karte in Kanada funktionieren würde, denn in der Preisliste stand "Roaming Canada 35 cent". Das war aber, wie jeder weiß, nur für ankommende Verbindungen gedacht, in Kanada war nun diese Karte für abgehende Verbindungen bis auf "Emergency Calls Only" tot. Cellular One war auch nicht in Kanada vertreten. Erstaunlicherweise konnte man aber aus Europa und Kanada nach wie vor dieses rote Handy mit der Alaska-Rufnummer problemlos erreichen.

Dafür funktionierte mein deutsches Mobilfunkgerät samt deutscher SIM-Karte endlich und "Rogers Wireless" in Vancouver war dann der zuständige, im Display angezeigte Netzbetreiber.

Versuche, bei Annäherung an die amerikanische Grenze (Vancouver liegt ja dort nahe dran) mit dem Alaska-Handy in das USA-Netz einzubuchen, misslangen, die Feldstärken waren dazu offenbar nicht ausreichend.

In Vancouver mokiert man sich derzeit noch über glückliche Mädchen, die mit dem Handy am Ohr die Straßen und Busse bevölkern, aber das wird sich bestimmt bald geben.

hk 11/07

Die IMEI

1 Definition, Spezifikations-Unterlagen

Die Definition der IMEI kann man in den entsprechenden Dokumenten des European Telecommunication Standards Institute (ETSI, Ref. (1) oder "3rd Generation Partnership Project" (3 GPP, Ref. (2) finden, sie lautet:

"International Mobile Station Equipment Identity (IMEI):
An "international Mobile Station Equipment Identity" is a unique number which shall be allocated to each individual mobile station equipment in the PLMN (in the GSM system) and shall be unconditionally implemented by the MS manufacturer."

Das bedeutet, daß der Hersteller jedem GSM Mobilfunkgerät eine (nur einmal vergebene) Nummer zuteilen soll.

2. Zweck der IMEI

In der oben genannten Spezifikation der IMEI (1) und (2) ist der Zweck der IMEI wie folgt angegeben:

Zuerst wird betont, dass ein Mobilfunkgerät (Mobile Station, MS) ohne gültige "International Mobile Subscriber Identity" (IMSI) nicht betrieben werden kann. Von der IMSI ist jedoch die IMEI zu unterscheiden:

"Besides the IMSI, the implementation of IMEI is found necessary in order to obtain knowledge about the presence of specific mobile station equipment in the network, disregarding whatever subscribers are making use of these equipments.

The main objective is to be able to take measures against the use of stolen equipment or against equipment of which the use in the PLMN (in the GSM system) can not or no longer be tolerated for technical reasons."

Die IMEI soll also dem Netzbetreiber auch die Feststellung ermöglichen, ob ein bestimmtes Mobilfunkgerät im Netz angemeldet ist, unabhängig davon, wer das Gerät benützt. Am wichtigsten ist jedoch, dass damit gegen gestohlene Geräte oder wenn es technische Gründe erfordern, Maßnahmen ergriffen werden können.

3 Pflichten des Herstellers

Für den Hersteller werden folgende Pflichten festgelegt:

"...The IMEI shall not be changed after the MEs final production process. It shall resist tampering, i.e. manipulation and change, by any means (e.g.Physical, electrical and software).

.....This implementation of each individual module should be carried out by the manufacturer who is responsible for ascertaining that each IMEI is unique and keeping detailed records of produced and delivered MS.

Die IMEI sollte also nach der Produktion unveränderbar sein sowie fälschungssicher und manipulationssicher. Dafür verantwortlich ist der Hersteller, er hat dafür zu sorgen, dass die IMEI nur ein einziges

Mal vergeben wird; er muss detaillierte Aufzeichnungen über produzierte und ausgelieferte Mobilfunkgeräte führen.

4 IMEI-Register

Dazu sagen die o.a. Spezifikationen:

"A network operator can make administrative use of the IMEI in the following manner:

Three registers are defined, known as "White lists", "grey lists" and "black lists". The use of such lists is at the operators discretion.

The white list is composed of all number series of equipment indentities that are permitted for use.
The black list contains all equipment identities that belong to equipment that need to be barred.
Besides the black and white list, administrations have the possibility to use a grey list. Equipments on the grey list are not barred /unless on the black list or not on the white list) but are tracked by the network (for evaluation or other purposes).

Der Mobilfunk-Netzbetreiber hat somit die Möglichkeit (er muss sie gemäß o.a. Spezifikation aber nicht einsetzen), die MS nach IMEIs in drei Listen zu führen, in einer weissen, grauen oder schwarzen Liste.

Auch hier ist der Zweck der IMEI klar: gestohlene Geräte oder technisch fehlerhafte sollen mittels erkannter IMEI gesperrt werden, sie können dann in diesem Netz aufgrund seiner "black list" nicht mehr verwendet werden. Geräte in der grauen Liste werden beobachtet.

5 Zugang zur IMEI

Dazu sagt die Spezifikation:

"It shall be possible to perform the IMEI check at any access attempt, except IMSI detach, and during an established call at any time when a dedicated radio resource is available,in accordance with the security policy of the PLMN (GSM) operator.

Die Prüfung der IMEI sollte also sowohl bei jedem Zugriff auf das Netz (beim Einbuchen z.B.) wie auch bei bestehenden Verbindungen (z.B. beim Location Update) in Übereinstimmung mit den Sicherheitsregeln des Netzbetreibers möglich sein.

6 Auslesen der IMEI-Nummer

Dazu gibt z.B. der "Weisse Ring" auf seiner Internet-Homepage (Ref.3) folgende Anleitung:

"Polizei und Weißer Ring empfehlen: Notieren Sie sich die 15-stellige IMEI-Nr.Ihres Handys. Wenn Sie *#06# ins Handy eintippen, dann erscheint die IMEI-Nummer. Diese Zahl bitte notieren und gut aufbewahren."

Üblicherweise ist die IMEI auch am Gerät angebracht und kann dort direkt abgelesen werden.

Interessant ist, dass diese Information in zwei Varianten im Internetauftritt des "Weissen Ring" existiert. Die neuere Information (gelesen 15.08.05) setzt sich wie folgt fort:

"Sie können dann bei einem Diebstahl Ihres Handys die IMEI bei der Polizei angeben, so dass zumindest in Deutschland eine Eingabe in den Fahndungscomputer erfolgen kann. Damit erhöht sich das Entdeckungsrisiko beim Täter, wenn bei einer Überprüfung eine Abfrage der IMEI erfolgt. Eine Sperrung des Gerätes an sich ist nicht möglich, wohl aber eine Sperrung der Handykarte beim Netzbetreiber."

Dazu ist anzumerken, dass die Sperrung der "Handykarte" mit der IMEI nichts zu tun hat.

Die Variante vom 07.07.05 lautete noch:

"Sie können dann bei Diebstahl oder Verlust Ihr Handy sofort mit Hilfe der IMEI beim Netzbetreiber sperren lassen, das bedeutet, es ist für den Dieb wertlos. Außerdem können Sie im Falle des Diebstahls die IMEI bei der Polizei angeben..."

Offenbar hat sich damit die Erkenntnis durchgesetzt, dass eine effektive Sperre des Mobilfunk-Gerätes per EIR praktisch nicht möglich ist.

7 Praktische Anwendung der IMEI

7.1

Es ist in Fachkreisen bekannt, dass nicht alle Netzbetreiber (Inland und Ausland) eine aktive IMEI-Datenbank (Equipment Identity Register, EIR) führen.

Die Gründe sind die sinkenden Preise der Mobiltelefone und damit des sinkenden Diebstahlrisikos (Ref.4).

7.2

Es ferner bekannt, dass die IMEI eines Mobilfunkgerätes mit nur mäßigem Aufwand geändert werden kann. Entsprechende Publikationen sind im Internet zu finden. Beispiel:

Der PHONESEC-Bericht "IMEI, PIRACY & RISKS" (Ref.5) z.B.listet u.a.auf:

- The IMEI code is one of the hackers preferred targets....

- Hackers are completely at home with techniques for reprogramming mobile phones....

- Some hackers can reach income of 300K EUR a year simply by working in mobile telephony sector..

- ..confidential R&D data are stolen directly from the manufacturers

- 50% of terminals on the European market are considered as having a modifiable code..

- Hackers are developing solutions to illegally modify the IMEI code of both recent and older telephone models.

- u.v.a.

Das bedeutet, dass bei zahlreichen Mobiltelefonen es möglich ist, die IMEI mit mäßigem technischen Aufwand zu ändern (Ref.6).

In UK gibt es ein Gesetz vom 4.10.2002, das die Umprogrammierung der IMEI von Mobiltelefonen unter Strafe stellt.

7.3

Ferner ist ein Export eines gestohlenen Mobiltelefons (ohne seine IMEI zu ändern) in Länder, deren Netzbetreiber kein EIR führen, und dessen Betrieb in deren Netzen ohne Behinderung durch die anderweitig gesperrte IMEI möglich.

7.4

Es gibt zwar ein internationales zentrales IMEI-Register CEIR (in Irland), der Abgleich der nationalen Register der Netzbetreiber mit diesem Register wird aber aus Gründen des hohen Aufwandes nicht von allen Netzbetreibern konsequent betrieben. Das Instrument "CEIR" wäre nur wirksam, wenn dort zeitnah die IMEIs aller existierenden GSM/UMTS-Mobilfunkgeräte (über 1Mrd.Stück) verzeichnet wären (siehe auch Ref.7).

7.5

Anderseits hat z.B. die Fa.Vodafone am 18.8.04 eine Pressemitteilung (Ref.8) herausgegeben, dass sie "als einziger deutscher Netzbetreiber mit einem Sicherheitsservice für Handys" tätig sei. Mit der Sperre sei es unmöglich, "mit dem Handy im deutschen Vodafone-Netz zu telefonieren." Wünschenswert sei es, "dass andere deutsche Betreiber dem Beispiel folgen und sich das Sicherheitsnetz auf diese Weise verdichtet."

Diese Mitteilung macht klar, dass die nationale wie auch die weltweite Sperre von Mobiltelefonen über die IMEI nur unvollkommen wirksam ist.

8. Zusammenfassung

Die IMEI ist gemäß Spezifikation (Ref.1) eine nur einmal je Gerät vergebene, 16-stellige (mit Prüfziffer 17-stellige) Nummer, die in der Elektronik des Mobiltelefons gespeichert ist, durch eine Tastendrucksequenz am Display sichtbar gemacht werden kann und außerdem auf einem Etikett am Mobiltelefon angebracht sein kann:

- die ersten 6 Stellen sind der "Type Approval Code" TAC
- die folgenden 2 Stellen sind der "Final Assembly Code" FAC
- die nächsten 6 Stellen sind die "Serial Number" SNR
- die letzten 2 Stellen sind die "Software Version Number" SVN.

Die IMEI wird vom jeweiligen Hersteller (z.B. Siemens, Nokia, Sony-Ericsson, Motorola, Samsung, Sagem etc.) dem Gerät zugeteilt. Der Hersteller wäre somit für die korrekte und nur einmalige Eingabe der IMEI in das Gerät verantwortlich.

Allerdings ist in Fachkreisen bekannt, dass in der Praxis öfter herstellerbedingte und herstellerbegründete Abweichungen von der Spezifikation vorkommen, jedoch kaum eine Instanz (im Gegensatz zu der früheren Praxis der Zulassung) diese rügt. Die Spezifikation wird somit großzügig ausgelegt.

Ein Zweck der IMEI "Sperre bei Diebstahl" wird jedoch nicht erfüllt: Sofern die IMEI des gestohlenen Gerätes geändert wurde, wird bei einer Suche aufgrund der ursprünglichen IMEI das Mobilfunkgerät des Täters jedoch überhaupt nicht erfasst.

Sofern das gestohlene Mobilfunkgerät ins Ausland geschafft wurde, könnte es bei einem Betrieb in einem dortigen Netz auch ohne IMEI-Änderung unbeanstandet und unerfaßt betrieben werden.

Es ist der Praxis wohl davon auszugehen, dass aufgrund mehrfach vergebener IMEI-Nummern, geänderter oder gefälschter IMEIs das Sperren eines einzelnen, gestohlenen Handys nicht möglich ist.

Literatur-Referenzen

Ref.1 Digital cellular telecommunications system (Phase 2+);
International Mobile station Equipment Identities (IMEI)
(GSM 02.16 version 6.2.0 Release 1997)
ETSI TS 100 508 V6.2.0 (2000-07)
Technical Specification

Ref.2 3rd Generation Partnership Project;
Technical Specification Group Services ans System Aspects;
International Mobile station Equipment Identities (IMEI)
(Release 6)
3 GPP TS 22.016 V6.0.0 (2005-01)

Ref.3 Die Handy IMEI-Nummer
Internet Webseite www.weisser-ring.de

Ref.4　G.Heine, GSM-Signalisierung Kap.4.4 Verlag Franzis

Ref.5　IMEI, PIRACY & RISKS Fa.PHONESEC Ref.P-0405-1
　　　Zum Download im Internet v.d.Homepage von Phonesec

Ref.6　3G Forum Blacklisted or Barred Handsets
　　　Internet Webseite www.3g.co.uk/3GForum

Ref.7　G.Jatzek, Eine Nummer gegen Diebe 09.09.2005
　　　Internet Webseite www.wienerzeitung.at

Ref.8　Pressemitteilung Fa.Vodafone vom 18.08.2004
　　　Diebstahlschutz exklusiv bei Vodafone
　　　Internet Webseite www.vodafone.de

Der Lautsprecher am Faxgerät

1.

Das Faxgerät arbeitet beim Senden wie beim Empfangen automatisch und jeder denkt sich, das wird schon gut gehen. Auch nervt viele Leute das Geräusch des "Handshakes" bei Verbindungsbeginn, also wird der Lautsprecher des Faxgerätes abgedreht oder ganz ausgeschaltet. Das kann aber ganz schön ins Auge gehen.

Bei einem Computer mit Faxoption (oder Faxserver) gibt es ohnehin kein Telefon bzw. einen Lautsprecher mehr, das Modem tut meist "schweigend" seinen Dienst.

2.

Ich bin aber sehr froh, noch eine akustische Kontrolle der Sendung zu haben. Es gibt immer noch Zeitgenossen, die von heute auf morgen ihren analogen Faxanschluss wieder fürs Telefon nutzen und dann mit Faxsendungen am Telefon bombardiert werden (inkl. Wahlwiederholungen).

Habe ich hingegen bis zum Melden der Gegenstation noch den Lautsprecher des Faxgerätes an, erkenne ich sofort an der unerwarteten Stimme "das war nicht die richtige Nummer" (das soll ja auch vorkommen), kann jede weitere Wahlwiederholung stoppen und mir die richtige Faxnummer besorgen.

Höre ich einen Besetztton aus dem Lautsprecher, weiß ich sofort, dass der Anschluss belegt ist; vielleicht ist auch die Nummer falsch.

Auch der SIT-Ton: "Kein Anschluss unter dieser Nummer" sagt mir sofort, dass ich hier kein Fax loswerden kann. Ich muss nicht erst warten, bis vier automatische Wahlwiederholungen des Faxgerätes vorbei sind.

Geht alles nur mit aktiviertem Lautsprecher.

3.

Ein Rechtsanwalt möchte um 23:50 Uhr eine wichtige Terminsache noch per Fax dem Oberlandesgericht zusenden.

Sein Faxgerät hat keinen Lautsprecher, aber einen großen Speicher. Der ganze Schriftsatz wird nun vom Faxgerät innerhalb von 2 Minuten "geschluckt" und der Rechtsanwalt geht befriedigt ins Bett.

Groß der Schreck am nächsten Morgen: Das Telefax wurde erst um 00:12 Uhr des nächsten Tages ans OLG losgebracht: Frist versäumt, Prozess verloren! Wahrscheinlich waren doch noch weitere Anwälte "am letzten Drücker" mit Faxsendungen an das OLG.

Hätte der Rechtsanwalt "hineingehört", hätte er bemerkt, dass das Gerät vom OLG-Fax "Besetztzeichen" bekommen hat, in die Wahlwiederholung gegangen und (nach genauer Einhaltung der im Gerät einprogrammierten Pausen) erst beim vierten Versuch durchgekommen ist.

Er hätte zuvor aber eingreifen können und den Berufungsschrift-satz über die zweite oder dritte oder eine andere Gerichts-Faxnummer abzusenden versuchen können.

hk 09/05

Der Mietvertrag für die TK-Anlage - ohne jedes Risiko ?

Es ist eigentlich kaum zu begreifen, wie sorglos sich Unternehmer in TK-Anlagen-Mietverträge stürzen.

Da lässt man sich kritiklos vom Vertriebsmann beschwatzen, lässt sich alle unwichtigen Details eines Leistungsmerkmals erklären und feilscht um Berechtigungen und Apparategestaltungen für bestimmte Mitarbeiter.

Kaum jemand macht sich die Mühe, das hochinteressante Kleingedruckte des Mietvertrages zu lesen, noch dazu, wo es zumeist auf einem besonderen Blatt, auf der Vertragsrückseite und nicht im eigentlichen Vertragstext enthalten ist.

Sollte sich trotzdem beim Kunden der Wunsch nach "Streichungen" oder "Abänderungen" im Vertrag und seinen Beiblättern geregt haben, wird dieser manchmal vom Verkäufer mit Hinweis auf die Telekom-Vorschriften (!) erstickt.... Tauchen Bedenken auf, hilft der Verkäufer dem ahnungslosen Kunden gerne mit ein paar flotten Sprüchen darüber hinweg.

Es fällt also kaum einem Kunden auf, dass er gerade im Begriff ist, einen Mietvertrag von 10 Jahren Dauer für eine Anlage zu unterschreiben, deren technologische Veralterung in 4-5 Jahren zu erwarten ist. Und ein kürzerer Vertrag ist viel teurer, basta.

Insider wissen, dass der Verkäufer für einen Mietvertrag auch eine höhere Provision erwarten darf als für einen Kaufvertrag...

Man mietet eben ein Auto für ein paar Tage und gibt es dann wieder zurück. Man mietet eine Wohnung und wenn einem diese nicht passt, zieht man eben wieder aus - warum nicht auch eine Telefonanlage mieten ? Miete ist doch Miete - oder nicht ? Schließlich gibt es doch ein Mieterschutzgesetz und ein Verbraucher-Schutzgesetz.

Es fällt auf, dass besonders deutsche Tochterfirmen amerikanischer Unternehmen gerne mieten, wahrscheinlich deshalb, weil ihnen dies in Anwendung amerikanischer Geschäftsgrundsätze von der Muttergesellschaft und in Unkenntnis der Besonderheiten des deutschen TK-Anlagen-Mietvertrages vorgeschrieben wird.

Die einen merken es früher, die anderen erst später.

Erst einmal kommt eine saftige Mieterhöhung, die den Kunden verärgert. Er will den Vertrag kündigen - und stellt fest, dass eine Mieterhöhung keineswegs zur Beendigung des Vertrages berechtigt. Und in 10 Jahren lassen sich einige Mieterhöhungen unterbringen.

Dann kann es zum Beispiel geschehen, dass die Anlage nicht so läuft, wie sie soll - die komplizierte Technik und eine WIN-Programmierung ist auch nicht jedes Revisors Sache. So hapert es halt oft mit der prompten Beseitigung von Störungen. Oder der Vermieter zieht sich ganz einfach auf das monatliche Inkasso der Miete zurück.

Die Reaktionen des Mieters sind vorhersehbar: die Anlage wird kurzerhand "gekündigt" und flott die Konkurrenz beauftragt, eine andere Anlage zu montieren. Das lässt sich der Wettberber nicht zweimal anschaffen und in Windeseile ist die alte Mietanlage abgebaut und durch die neue Anlage (wieder eine Mietanlage ?) ersetzt.

Der Mieter fällt dann aus allen Wolken, wenn sein erster Vermieter mit einer saftigen Schadenersatzforderung kommt.

Nun erst liest er, was er da seinerzeit unterschrieben hat:

* 10 Jahre Mietvertragsdauer
 (ohne das Jahr des Vertragsschlusses: deswegen werden auch so viele Mietverträge im Januar abgeschlossen !)

* bei Kündigung und Abwanderung zur Konkurrenz:

 Erfüllungsanspruch, das heißt:
 a l l e Restmieten sind zu zahlen.

Die finanziellen Folgen sind fürchterlich: Der geforderte Betrag übersteigt, je nach Vertragsverlauf oder Vertragsdauer, zumeist den Kaufpreis für eine neue Anlage.

Wenn der Vermieter die Erfüllung des Mietvertrages verlangt, und die Anlage des Wettbewerbers steht schon da, heißt das nichts anderes, wie in einem konkreten Fall bekannt: Die Ex-Mietanlage wird, wie sie ist, in den Keller gestellt, und vom Ex-Vermieter während der restliche Vertragsdauer "gewartet"; ihm steht dann die volle Miete samt regelmäßigen Mieterhöhungen zu. Der Mieter zahlt dann effektiv zwei volle Anlagen oder mindestens die doppelte Miete.

Verweigert der Mieter die Abstellung der Mietanlage in seinem Keller, wird halt die Anlage in der Niederlassung des Vermieters gewartet...

In dieser miesen Stimmung finden nicht wenige mietvertragsgeschädigte Kunden den Weg zum Rechtsanwalt.

Rechtsanwälte befassen sich erfahrungsgemäß sehr gerne mit diesen Fällen. Einerseits geht es fast immer um sehr hohe Streitwerte (die sich nach dem gesamten Miet-Vertragsvolumen bemessen), nach denen sich bekanntlich die Vergütung der Rechtsanwälte bemisst, ganz gleich, ob sein Mandant gewinnt oder mit Pauken und Trompeten verliert.

Anderseits ist in Rechtsanwaltskreisen - trotz bekannter Rechtsprechung - die Meinung nicht auszurotten, man könne da was mit dem Abzahlungsgesetz, dem Verbraucherschutz oder gar mit dem Vertragsrecht (so ein Vertrag muss doch sittenwidrig sein!) herausholen.

Manchmal spielt auch der Ehrgeiz frisch gebackener Anwälte oder deren schlechter Geschäftsgang eine Rolle, wenn es darum geht, den Kunden zu einem äußerst kostspieligen "juristischem Abenteuer" zu überreden.

Tatsache aber ist, dass alle diese Varianten juristischer Gegenattacken nicht zum Erfolg führen: der deutsche TK-Anlagenmietvertrag ist nämlich "wasserdicht".

Entsprechende, bekannte Urteile sagen aus:

- Kein Verbraucherschutz, wenn zwei Vollkaufleute (Mieter und Vermieter) einen derartigen Vertrag schließen.

- Auch die zehnjährige Dauer eines TK-Anlagen-Mietvertrages ist nach Ansicht der letztinstanzlicher Gerichte nicht sittenwidrig.

- Auch das Abzahlungsgesetz hat seinen Wirkungsbereich bei Privatleuten und im allgemeinen nicht bei Geschäften von Vollkaufleuten.

- Die Vereinbarung der "Vertragserfüllung" im Mietvertrag
  geht bei Gericht immer durch.

Und nach einem so verlaufenen Prozess zahlt der Kunde dreifach:
alte Anlage, neue Anlage, Gerichtskosten, und beide Anwälte:
den eigenen und den des Vermieters...

Darum : Gute Tipps für den Vertragsschluss:

* Lesen Sie das Kleingedruckte, besonders den Absatz in den
"Allgemeinen Bedingungen zum Mietvertrag", der sich mit der
Vertragsdauer und der Kündigung befasst.
Machen Sie sich die Konsequenzen dieser Bestimmungen klar !

* Rechnen Sie sich VOR DER UNTERSCHRIFT aus, was Ihnen ein
TK-Anlagen-Mietvertrag im Vergleich zu einem Kauf- oder
Leasingvertrag kostet (es sei Ihnen verraten, dass der Mietvertrag zwei- bis dreimal so teuer ist !)

* Wenn Sie sich nicht sicher sind, ob die Rechnung so üblich
und richtig ist: Fragen Sie einen auf Mietverträge spezialisierten
Telecom-Berater. Dessen Kosten amortisieren sich – darauf
können Sie sich verlassen.

* Schließen Sie in Zukunft keine TK-Anlagen-Knebelmietverträge
weder für 10 noch für 5 Jahre ab. Kaufen oder leasen Sie lieber !

* Haben Sie nun doch leider einen Mietvertrag: Lassen Sie ihn
von einem neutralen und unabhängigen Fachmann prüfen und
lösen Sie ihn auf, sobald sich der Aufwand für die Ablöse
rechnet.

Fragen Sie auch bei Anwendern, die gewohnt sind, mit Geld
umzugehen: Sparkassen, Versicherungen, Banken.... Die haben
meist nicht gemietet!!

Und dann kann alles ganz anders kommen: Sie haben ganz
unschuldig Ihren Steuerberater um Rat gebeten und der sagt Ihnen,
nach einem Blick in Ihre Bilanz: "Sie verdienen doch viel zu viel Geld
- leisten Sie sich einen Mietvertrag! "

Geld kann man halt auf verschiedene Arten loswerden.....auch durch
einen TK-Anlagen-Mietvertrag !

k/s 09/87

Probleme bei ISDN-Anschlüssen
--------------   -----------------------------

Fall 1)

In einer Arztpraxis besteht ein kleines PC-Netz mit Anschluss an einen ISDN-BA als Mehrgeräteanschluss, an dem außerdem noch drei Telefone und ein Faxgerät über eine einfache ISDN-TK-Anlage über mehrere MSNs angeschaltet sind.

Ein EDV-Berater empfiehlt statt dem Faxgerät eine integrierte Faxlösung auf einem der PCs, mit einer FRITZ-Faxsoftware, dann kann das Faxgerät ja entfallen.

Nach Implementation dieser doch einleuchtenden Lösung große Überraschung: Wer die Arztpraxis über digitale Endgeräte oder ein Handy anruft, kommt durch. Wer jedoch ein analoges Telefon hat, (ganz gleich ob noch mit Wählscheibe - Nummernschalter z.B. bei Senioren - oder mit Tonwahl), wer also von einem analogen Telefon, auch hinter einer ISDN-TK-Anlage anruft, landet direkt auf der "Faxlösung" am PC und wird durch den bekannten 300 bit/s- "Answertone" begrüßt.

Ich werde vom Arzt angerufen und um Abhilfe gebeten, wenn nicht einmal die kranke Oma den Arzt anrufen kann, ist das eine Katastrophe. Eine Überprüfung der TK-Anlage und der Faxsoftware zeigt: alles in Ordnung. Wenn jedoch der PC ausgeschaltet wird, funktioniert alles wie zuvor in Ordnung. Da dies jedoch dem Arzt nicht zumutbar ist, wird durch ein entsprechendes "Häkchen" in der Faxsoftware diese ausgeschaltet.

Anzumerken wäre: alle Endgeräte waren mit ihrer ordnungsgemäßen MSN eingetragen; auch das Aus- und Wiedereinschalten von TK-Anlage und PC etc. hat natürlich nichts geholfen.

Aber eines Tages war alles wieder in Ordnung: alle Telefonanrufe kommen durch, auch die "Faxlösung" funktioniert nach dem Aktivieren auf einmal, ohne dass sonst was gemacht worden wäre.

Fall 2)

Ich habe eine ISDN-TK-Anlage schon seit geraume Zeit, die bestens funktioniert: Ein ISDN-Basisanschluss, Anlagenanschluss mit

Durchwahl, Fax als Nebenstelle (was aber hier nicht von Belang ist). Alle Endgeräte sind ordnungsgemäß mit MSNs versehen.

Eines schönen Abends ist alles gestört: Wer mich anruft, bekommt die bekannte Ansage zu hören: "Dieser Teilnehmer ist vorübergehend nicht erreichbar" (was gar nicht stimmt, auf einmal ist die Ansage da).

Früher war das eine Katastrophe, diese Ansage bedeutete, dass der "Teilnehmer" seine "Gebühren" nicht bezahlt hatte und deshalb von der "Bundespost" abgeschaltet worden war, man sagte auch "Pleiteansage" dazu. Heute ist diese Ansage davon unabhängig, im Netz der DTAG ist sie alle Augenblicke zu hören.

Also prüfe ich meine Anlage, schalte sie aus und wieder ein, lasse den PC die Konfiguration runterladen, ansehen, alles in Ordnung. Ein Eigenanruf über den zweiten Kanal funktioniert sofort, ohne Ansage Anruf bei mir, aber der probeweise Anruf meiner Nummer übers Handy landet bei der Telekom-Ansage. Das ist schon bemerkenswert. Es ist schon spät, aber ich versuche es trotzdem auf der "Telekom-Störungsnummer", die heute mit allen möglichen anderen Angeboten der DTAG zusammengelegt ist.

Bei der Störungsnummer ist Sprachansage mit Sprach-Beantwortung angesagt, eine Zumutung: "Ich habe Sie leider nicht verstanden", Eingabe über Tonwahl nicht möglich! Trotz dieser "Hindernisse" gelange ich nach einiger Zeit und geduldigem Plaudern zu einem Techniker, der gänzlich unerwartet, sehr freundlich und kompetent ist.

Er ruft mich zurück, während wir miteinander sprechen (ein ISDN-Kanal belegt) - und kommt durch (siehe oben: Eigenanruf). Ich bitte ihn nochmals anzurufen, wenn ich aufgelegt habe. Alles bleibt ruhig! Aha! Na jetzt hört auch er die Pleite-Ansage!

Nach 10 Minuten hole ich mein Handy und rufe an: sieh an, alles in Ordnung, der Anruf kommt an! Reparaturzeit der DTAG somit weniger als 10 Minuten!

Zusammenfassung:

Man kann in beiden Fällen sagen: die ISDN-Endgeräte und deren Installation, Konfiguration der TK-Anlagen, PCs, Faxgeräte etc. **und deren MSNs** beim Anschluss des Kunden waren allesamt in bester Ordnung. Sonst hätten sie ja vorher nicht jahrelang funktioniert.

Die bekannte Reparaturmaßnahme bei Endgeräten und kleinen TK-Anlagen, wenn vom Netz mal was Irreguläres hereinkommt: "Ausschalten, Warten, Wiedereinschalten" funktionierte beide Male NICHT.

Was aber offenbar auch zeitweise gestört war, ist das MSN-Management der ISDN-Anschlüsse beim Netzbetreibers DTAG. Dort ist das Problem offenbar bekannt, sonst hätte die Reparatur im Fall 2 nicht so schnell vonstatten gehen können.

hk 05/07

Der alternative Netzbetreiber

Wir wollen uns portieren lassen

Die Firma ist schon seit ihrer Gründung 1980 bei der Deutschen Bundespost/Telekom AG, das Netz hat fast immer funktioniert und die Kosten für Verbindungen sind ja auch wesentlich geringer geworden.

Da ein Umzug der Firma anstand, war der Gedanke, es einmal mit einem alternativen Telekommunikations-Netzbetreiber am neuen Standort zu versuchen. Wollen wir den Alternativen im weiteren mit "W" bezeichnen, aus Diskretionsgründen. Denn was wir da mit "W" erlebten, war ein Musterbeispiel an Ignoranz und Inkompetenz, wie man es sich nicht schlimmer vorstellen kann.

Da kam also ein Vertreter mit einem Pack Formularen, die waren ja in Ordnung. Er kannte sich so einigermaßen aus, hatte aber den Vorschlag: "Geben Sie mir eine Vollmacht, dann erledige ich alles in Ihrem Sinne!" Da klingelten ein paar Alarmglocken in uns, das wollten wir denn doch nicht, was den Vertreter etwas verstimmte. Aber immerhin füllten wir dann zusammen mit ihm die Formulare aus, wir machten vorsichtshalber nach der Unterschrift eine Kopie davon.

Also es sollte unser ISDN-Anlagenanschluss "portiert" werden (beim neuen Netzbetreiber "W" war er um 10 EUR billiger) und zugleich wollten wir ein "DSL 6000" haben, das inklusive Flatrate nur 10 EUR p.m. kosten sollte. Also alle "Grundgebühren" p.m. EUR 25.

Nach etwa einer Woche kam ein Fax, ohne Absenderbezeichnung, aber offensichtlich von "W", so eine Art Auftragsbestätigung, womit der Ärger seinen Anfang nahm.

1. Wir hatten als Firmenbezeichnung "Telecommunication-Consulting" angegeben, daraus machte offenbar ein nachgeschalteter "Auftragsoptimierer" die Bezeichnung "Telekommunikations-Agentur". Da wir u.a. auch neutrale Sachverständigengutachten erstellen, war diese Umbenennung schon geschäftsschädigend.

2. Eine Telefonflatrate "Deutschland" hatten wir nicht bestellt, der besagte Bearbeiter buchte sie trotzdem in unseren Auftrag ein, wahrscheinlich um den monatlichen Festbetrag, den wir zu zahlen hatten, in seinem Sinne zu verbessern.

3. Ferner verpasste er uns Einmalkosten in Form eines "DSL-Modems mit W-LAN" zu EUR 49,90, obwohl wir dieses weder gewünscht noch bestellt hatten. Wir hatten ein entsprechendes DSL-Modem auf Lager, also brauchten wir es auch nicht.

4. Das Schlimmste aber, was erst nach einiger Zeit herauskam, war, dass der "Bearbeiter" sich sagte: Eigentlich braucht die BATELCO keinen Anlagenanschluss mit Durchwahl 00..99, das ist eine kleine Firma, da reicht doch die Durchwahl 0..9, also beantrage ich gleich bei der DTAG für BATELCO eine neue Rufnummer mit Anlagenanschluss (ohne uns vorher zu fragen, versteht sich).

Was eine Rufnummernänderung bedeutet, brauchen wir hier nicht auszuführen: alle Einträge in Verzeichnisse, bei Kunden, Lieferanten, im Briefpapier, in den Geschäftskarten: alles muss geändert werden. Dazu kommt, dass unsere Kunden uns zuerst einmal nicht erreichen können.

Ein derartiges Vorgehen ohne Absprache mit dem Betroffenen ist geschäftsschädigend, dreist und aufgrund der hohen Folgekosten schadenersatzpflichtig.

Dann kam ein Anruf von der Servicezentrale von "W" und wir reklamierten die Abweichungen. Die Call-Center-Mitarbeiterin war empört, "wenn Sie all das ändern, können Sie das, das kostet Geld". Also mussten wir der Servicezentrale per Telefaxkopie des von uns unterschriebenen Auftrags nachweisen, was wir bestellt hatten und was nicht. Dann hörten wir längere Zeit nichts von "W".

Dann kam nach längerer Zeit ein Anruf von "W" aufs Handy, unser Anschluss im derzeitigen Büro existiere ja gar nicht und im neuen Büro auch nicht, daher könne eine Portierung von der DTAG zu "W" nicht stattfinden. Unser Hinweis, der Außendienst hätte beide Standorte besichtigt, eine Kopie einer DTAG-Rechnung bekommen und hätte sich von der Existenz des Anschlusses überzeugt, half nichts, "die DTAG kennt Sie nicht".

Diese Art Anrufe wiederholten sich noch zweimal, die Portierung schien ausgeschlossen. Dass hier die DTAG "mauerte", schien offenbar. Aber es war ja nicht unsere Sache, zu portieren.

Kurz und gut, nach fünf Wochen noch ein Anruf von "W" am Handy: Bitte stornieren Sie den Auftrag an uns, wir können ihn nicht ausführen. Das haben wir dann gemacht und uns sehr gewundert, wie die Geschäfte von "W" denn so laufen sollten.

Ein Anruf bei der DTAG brachte uns dann den Anschluss zu den bisherigen Konditionen an die neue Anschrift, immerhin innerhalb von 14 Tagen. Dabei warteten wir eine ganze Woche auf die neue "letzte Meile", da musste ein Servicetechniker erst den Draht im neuen Hause finden.

Zusammenfassend kann man nur jedem, der sich "portieren" lassen will, viel Geduld wünschen, Misserfolg nicht ausgeschlossen.

hk 09.08

Vorsicht! R-Gesprächs-Abzocke!

Da denkt sich mancher: solange ich nicht telefoniere oder selber Gespräche herstelle, kann mir nichts passieren...

Da sollte man sich nicht so sicher fühlen, seitdem es wieder "R-Gespräche" gibt. Was heißt das?

Ganz einfach: Kostenübernahme der Verbindung durch den Angerufenen, also den sogen. "B-Teilnehmer". A ist also der Anrufer und ruft B an. Üblicherweise zahlt A die Kosten der Verbindung.

Nun gibt es seit einiger Zeit wieder das R-Gespräch, englisch auch "Reverse Charging" genannt. In USA schon immer üblich und nie abgeschafft, feiert es bei uns wieder Auferstehung. Das lief dann so ab: der "Operator" (häufig die "Operatorin") ruft an und sagt: Ich habe da einen, der nennt sich XY und möchte Sie mit ihm sprechen (bei Kostenübernahme)?.

Das war ja noch korrekt und fair. Doch das ist viel zu personalintensiv und daher zu teuer. Heute ist das alles automatisiert und softwaregesteuert, also ebenfalls 100% fair und zuverlässig (wer lacht da?).

Der Ablauf:

Ihr Telefon klingelt und wenn Sie abheben, hören Sie eine weibliche Stimme:

"Hier ist die X-Gesellschaft mit einem R-Gespräch, wenn Sie es annehmen möchten, drücken Sie "1" und "2". Die Kosten betragen 9 EUR 99 cent pro Minute" (es kann auch ein anderer Betrag sein).

Wenn Sie dann nichts tun, fährt die Stimme fort: "Sie haben kein Tonwahltelefon, sagen Sie also "ja", wenn Sie das Gespräch annehmen möchten."

Manchmal sehen Sie dann auf Ihrem ISDN-Telefon eine Rufnummer etwa wie folgt "08004141" (diese Nummer gibt es nicht) oder eine andere "0800"-Rufnummer. Damit soll Ihnen offenbar suggeriert werden, dass das Gespräch nichts kostet, ein klarer Fall von Telefonbetrug.

Wenn Sie Glück haben, wird die Verbindung dann vom Anrufer unterbrochen. Es gab aber inzwischen auch schon Fälle, in denen das "Schweigen" als Zustimmung gewertet und die Verbindung für EURO 9,99 hergestellt (berechnet, kassiert, eingetrieben..) wurde.

Ein weiterer Aspekt sollte nicht unerwähnt bleiben. Was passiert, wenn Sie den Anruf mit Ihrem "Voice Mail System" (Anrufbeantworter) entgegengenommen haben? Dann zahlen Sie womöglich auch dann, wenn gar niemand zu Hause ist.

Maschine A spricht dann zu Maschine B und diese sagt "Hier ist das SAchverständigenbüro von Herrn GrAmberg bitte sprechen Sie nAch dem SignAlton!" Da waren doch 4 "A"s drinnen, was macht die Maschine B mit diesen "A"s? Was ist der Unterschied zu "JA" und "A" für Maschine B, die (automatisch) abzocken möchte?

Auffällig ist auch, dass derartige Anrufe gehäuft ausserhalb der üblichen Geschäftszeit eintreffen, also um die beste Rotlichtzeit nach 22 Uhr.

Früher saßen diese Typen in ihren rotbeleuchteten Häusern (da musste man nicht hingehen), dann richteten sie sich 0190-Nummern ein (die musste man nicht anrufen, auch wenn sie einem im Fernsehen aufdringlichst empfohlen wurden), dann schickten sie "Dialer" auf die PCs zum Abzocken (nur darauf kommt es an, Gegenleistung uninteressant) und nachdem man dagegen Mittel gefunden hatte, lassen sie Dich von ihrem Automaten anrufen und die Telekom kassiert für diesen ankommenden Anruf ab, auch wenn Du gar nicht zu Hause bist.

Die email-Antwort der DTAG: ich zitiere wörtlich:

"Eine generelle Sperre fuer alle ankommenden R-Gespraeche ist technisch nicht moeglich.

Um alle ankommenden R-Gespraeche an Ihrem Anschluss zu sperren, muessen Sie jedem Abieter von R-Gespraechen separat den Auftrag erteilen, Ihre Rufnummer von R-Gespraechen auszuschliessen...."

Ich hätte da einen besseren Vorschlag: Diese ungewollten und unerwünschten Verbindungen (und nur diese) der DTAG einfach nicht zahlen und es darauf ankommen lassen.

Solange die DTAG sich dazu hergibt, für solche Betrüger das Inkasso zu übernehmen (sie verdient ja gut daran), wird sich an dieser neuen Masche "R-Gesprächsabzocke" nichts ändern.

Seien Sie also gewarnt.

Nachtrag: Inzwischen hat die BNetzA reagiert: Mit R-Gesprächen dürfen keine "Mehrwertdienste" angeboten werden. Wer dagegen verstößt, dem sperrt die BnetzA die Nummer.

hk 03.2004

Ich gehe in ein Seminar

Per email erhalte ich eine Einladung des "Munich Network Forum" in München, eine Vortragsreihe zum Thema "Next Generation Internet" zu besuchen.

Die Firma kenne ich inzwischen schon; wie sie vor ein paar Jahren gegründet wurde, hatte sie mich schon zu einer ähnlichen Veranstaltung im "Botanikum" in München eingeladen. Wesentliches Kennzeichen dieser Veranstaltungen ist es, dass eine Gebühr von 90 Euro verlangt wird (für 4 Stunden, Mitglieder nur 50 Euro).

Damals im Botanikum (einem Glashaus zur Überwinterung von Tropenpflanzen, ganz nahe hier beim Rangierbahnhof) war es saukalt, Essen und Getränke mies, und die Leitperson des Abends, es ging um erfolgreiche Partnership und Existenzgründung, war ein "Graf Hodenberg" (was immer man sich darunter vorstellen will).

Aus dieser schlechten Erfahrung klug, ignorierte ich dann auch alle Einladungen zu Events wie "Venture Capital" oder "Mezzanine Capital" oder "Succesful Enterprise Equity" oder wie sie sonst hießen, für geraume Zeit, bis dann diese obige Einladung kam. Man beachte, dass alle Themen immer in englischer Sprache sind, die Vorträge und Diskussionen waren dann allerdings immer in Deutsch.

Ich war neugierig, wie sich der Laden entwickelt hatte, und meldete mich an; bald darauf kam ein Anruf, die Veranstaltung sei um 14 Tage verschoben.

Gestern war ich nun in der "Rosenheimerstrasse 145", einem "Business Complex" mit Innenhöfen nahe beim Ostbahnhof. Den Aufzug, der direkt in die Konferenzräume geführt hätte, durfte man nicht benutzen, sondern musste zwei Etagen hochkeuchen. Bei der Tür stand dann gleich die Kasse, immerhin war auch Zahlung mit EC- oder Kreditkarte möglich.

Der Laden von "Munich Network" war dann ein Büro mit etwa 300 qm, mit sofort auffallender, besonders innovativer LAN-Verkabelung: Von der Decke mit den unverdeckt geführten Kabelrinnen zum Schreibtisch (zur "Workstation") hinunter mit dicken angeschellten, malerisch geringelten Metallschläuchen, sehr dekorativ.

Auf einem Prospektständer zur freien Entnahme u.a. ein Blatt über "Beteiligung der Hochschulen an Munich Network", dazu unten Näheres. Ein Heft einer Zeitschrift "Venture Capital" kostete EUR 12,50; da alt, war es gratis.

Der Konferenzraum für etwa 80 Leute (fast voll besetzt) war mit allem Notwendigen versehen, allerdings nur Stühle, keine Tische zum Notizenmachen, das musste man in "Lap Top Position" erledigen. Leider hatte weder Büro noch Konferenzraum eine Klimatisierung, es war sehr heiß. Schon vor Beginn gab es das angekündigte Buffet mit alkoholfreien Getränken und leckeren Brötchen (eines davon ein besonders gutes und dekoratives Thunfischbrot). Alle Referenten mit Ausnahme des eingeladenen Professor hatten Skripten in der Unterlagenmappe geliefert. Zum Professor: siehe unten. Das obligate Formular zur Seminarbeurteilung hatte ich dann auch entsprechend ausgefüllt.

Das Thema war dann eigentlich "Breitbandkommunikation", mit der Möglichkeit, auch über einen Breitbandanschluss ins Internet zu gelangen. Das interessierte mich sehr, gilt doch die Glasfaser-Verkabelung (bis zum Kunden) als zukunftsträchtig. Zur Zeit geht es meistens noch über Kupferkabel, was aber die Reichweite sehr einschränkt und recht teuer ist.

Zu Beginn um 15:30 Uhr las Herr Kreindl vor: "Prediction is very difficult, especially if its about the future". Also doch etwas in englischer Sprache, etwa 2 Folien lang. Das schwierigste sei TV über IP (Internetprotokoll); da dachte ich mir, warum einfach, wenn es kompliziert auch geht. Einen neuen Begriff lernte ich kennen "Triple Play", worunter man Fernsehen, Telefon und Internetzugang über Breitbandnetze und/oder IP versteht.

Dann kam Herr Peter von Cisco mit "IP Telefonie und Sicherheit". Voice over IP ist das Thema in allen Telekomjournalen, der Durchbruch und die Umstellung aller Netze auf VOIP wird aber noch einige Zeit dauern. Genauso unsicher wie Daten im Internet ist es natürlich auch, wenn man übers Internet telefoniert. Alle möglichen Leute können zuhören oder die Verbindung anderswohin umleiten. Peter verwies daher immer nur auf "Patches" von Softwareherstellern, statt sich selber am Schopf zu nehmen. Im übrigen war das Interesse des Auditoriums an dem Thema eher schwach.

Dann kam Herr Wiegand von Siemens und erklärte uns, dass vor der Inbetriebnahme aller schönen Sachen, wie TV, Video, Musik, Internet etc. über IP erst einmal alle Zubringer-Netze, vor allem in der Ebene der letzten und vorletzen Meile, aufgerüstet werden müssten. Er hatte dazu ganz konkrete Schematas dabei; der Vortrag war gut fundiert und bestens verständlich. Die Essenz war: Am besten ist Fiber to the Desk, also das Glasfasernetz bis zum Tisch bzw. ins Heim.

Nach der Pause kam ein Betreiber von Kabelnetzen zu Wort, Herr Dahlen von Kabel Deutschland. Jahrelang hatte die Bundespost/Telekom auf dem Kabel gesessen und nichts zur technischen Verbesserung getan. Dann verkaufte sie das Netz an Privatfirmen (Callahan, ish etc.) und erwartete, dass diese das Netz verbessern und rückkanalfähig machen sollten. Dazu haben sich die neuen Besitzer inzwischen entschlossen, Herr Dahlen berichtete darüber, es war sehr interessant, was alles an TV, Video, Musik, Telefon und Internet über Kabel dem Kunden angeboten werden soll. Dazu sagt man dann "Content".

Der letzte Vortrag war ein Flop: er bestand aus lauter Säulendiagrammfolien von Professor Wirtz. Der hatte da einige Studenten offenbar zu "Befragungen" auf die Leute losgelassen und die Ergebnisse (von den Studenten, Diplomanten, Doktoraspiranten?) in Säulendiagrammen darstellen lassen. Unter anderem kam heraus, die Leute wollen im Breitband oder im Kabel am liebsten Musik hören (siehe MP3-Player), dann kommt Internet und ganz zuletzt TV und Telefon. Da hatten die Studenten wahrscheinlich hauptsächlich Kollegen befragt. Solche "Untersuchungen" habe ich zu Dutzenden zu Hause, sie sagen mir eigentlich gar nichts außer vielleicht: Ich glaube nur der Statistik, die ich selbst gefälscht habe.

In der dann folgenden Diskussion bis 19:00 Uhr interessierte dann auch erwartungsgemäß keinen der Gäste die Säulendiagrammergebnis-se und auch nicht VOIP, obwohl sich der Cisco-Vertreter mehrfach meldete und dabei "Voice over IP" sagte und bestimmt einige "Voipertinger" im Publikum saßen. Großes Interesse für die Kabel-Infrastruktur, aber ein Teilnehmer mokierte sich, dass die Veranstalter "W-LAN", "Bluetooth", "UMTS" und drahtlose Zugangstechniken nicht mit aufgenommen hatten: ich war froh, sonst hätte es noch länger gedauert.

hk 07/05

Zur Technik von SMS (Short Message Service)

1. Funktionen von SMS

SMS spielen in anderen GSM-Netzen kaum eine Rolle, in Europa hingegen sind sie die meist genutzte Art der GSM-Kommunikation. Erst zusammen mit der Abrechnung über Prepaid-Verträge hat SMS seine Bedeutung, vor allem bei Jugendlichen, gewonnen.

1.1. Übertragungsweg von SMS

Die Übertragung von Kurznachrichten (SMS = Short Message Services) benötigt keinen Sprachkanal, wie beim Telefonieren in Mobilnetzen üblich. Es wird dafür vielmehr der Signalisierungskanal (CCH - Control Channel) von GSM (Global System for Mobile Communication) verwendet, der in etwa mit dem D-Kanal im ISDN (2B+D) verglichen werden kann. Auch im ISDN wird der D-Kanal dem Kunden zur zusätzlichen Paket-Datenübertragung gegen Entgelt angeboten.

1.2. SMS "Push-Funktion"

SMS ist ein bidirektionaler textbasierender Dienst, der es ermöglicht, Nachrichten, genannt "short messages" mit einer Länge bis zu 160 Zeichen von einem SMS-fähigen Gerät des einen Netzes an andere SMS-Geräte desselben oder anderen Netzes zu senden, es findet also ein direkter Transfer der SMS von Endgerät zu Endgerät ohne Zwischenspeicherung z.B. in einer "Mailbox" zum Selbst-abholen statt. Nur nichtzustellbare SM werden gespeichert und später nochmals automatisch gesendet.

1.3 SMS-Instanzen

Neben den Mobiltelefonen des GSM-900 ("D-Netz") und GSM-1800-Netzes ("E-Netz") gibt es noch andere Instanzen, die SM senden und empfangen können, wie z.B. Festnetztelefone, PCs mit Internetanschluss u.a.

1.4. SMS-Dienste

Die SMS-Dienste heißen "SMS senden" (SMS-MO, Short Message Mobile Originated) und "SMS empfangen" (SM-MT, Short Message Mobile Terminated).

Für SMS halten die Netzbetreiber die technische Einrichtung SMSC
(Short Message Service Center) und SMS-GW (Gateway) bereit.

1.4.1

Bei SM-MT sendet das SMSC die SMS an die Einheit SMS-GW,
welche beim Heimatregister (HLR, Home Location Register)
nachfragt, wo geographisch sich der Adressat der SMS befindet. Im
HLR ist jeder berechtigte Nutzer eingetragen. Hat sich der Adressat
in einen Bereich, der einer anderen MSC zugehörig ist, eingebucht
und wird er dort im Besucherregister VLR (Visitor Location Register)
geführt, verweist dieses VLR auf das entsprechende HLR (auch Cell
ID genannt).

Hat die SMS-GW vom HLR die Routing-Information abgefragt, weiß
es, an welche MSC sie die SMS senden soll. Vom MSC geht dann
die Nachricht über den gewohnten Weg zur BSC (Base Station
Controller) und BSS (Base Station Subsystem) an die Antenne und
somit an das Mobiltelefon (MS, Mobile Station).

1.4.2

Bei SM-MO verläuft der Weg der SMS in der anderen Richtung. Es
sendet die MS (das "Handy" oder eine andere Instanz) eine SMS,
die eine normgerechte Adresse enthalten muss, über das BSS und
BSC an die MSC, die das adressierte Netz erkennt. Dessen MSC
bzw. SMS-GW leitet die SMS an das SMSC weiter.

1.5 Unterschied zur Sprachkommunikation über Funk

Aus dieser technischen Darstellung ergibt sich, dass der Ablauf
beim Versenden einer SMS sich doch wesentlich vom Aufbau eines
Telefonats, dessen Durchführung und Beendigung unterscheidet.

Der sonst verwendete Sprachkanal ist hier nicht beteiligt, er muss
überhaupt nicht aufgebaut werden, wie sonst bei einem Gespräch.
Das ist mit auch ein Grund für die rasche Abwicklung des SMS-
Versands.

1.6 Erstellung der Textnachricht

Beim SMS-Versand werden mit der normalerweise nur für Zahlen
eingerichteten Eingabetastatur auch Buchstaben eingegeben, wozu
die Zifferntasten mit entsprechenden Buchstabensymbolen

versehen werden. Da i.a. nur 12 Tasten (0..9,* und #) zur Verfügung stehen, müssen die einzelnen Tasten mit mehreren Buchstaben beschriftet werden und es ist demgemäß bei der Eingabe eine Zifferntaste mehrfach zu drücken, bis in dem zur Kontrolle dienenden Display der gewünschte richtige Buchstabe erscheint.

Damit besteht nun die Möglichkeit, kurze alphanumerische Texte (i.a. bis zu 160 Zeichen) einzugeben und die so erstellte Nachricht dann (nach Eingabe des Empfängers der Nachricht) mit einem Druck auf die Sendetaste abzusenden. Eine Nachricht kann auch aus mehreren SMS zusammengesetzt sein.

1.7 SMS-Chat

Unter einem SMS-Chat versteht man dann einen für den Zugang von mehreren Personen bereitgehaltenen Speicherplatz im Fest- oder Mobilnetz, auf dem z.B. die Funktionen "Beitrag schreiben", "Beitrag lesen", "Eigenen Beitrag löschen", "Benutzergruppen" etc. bereitgehalten werden. Der Zugang ist nur authorisierten Mitgliedern dieses "Chat-Rooms" vorbehalten, die Registrierung erfolgt meist formlos beim Betreiber des Chatrooms (z.B. Netzbetreiber) nach Hinterlegung der Rufnummer oder e-mail-Adresse, worauf der Betreiber dem Kandidaten eine Zugangskennung zuteilt.

1.8 SMS Anwendungen

SMS werden heute aber nicht nur als preisgünstige Kommunikation unter Jugendlichen (Nachrichten, Chat, Mehrwertdienste, Klingeltöne laden usw.) verwendet. SMS sind heute auch in industriellen Applikationen ein häufig verwendetes Kommunikationsmittel.

1.9 Automatische SMS

SMS können von entsprechend ausgestatteten Geräten voll automatisch über eine zugeordnete MS versandt werden.

SMS sendet z.B. auch ein mit einem Navigationsgerät in einem LKW verbundenes GSM-Funkgerät zu seiner Spedition und teilt damit, automatisch und ohne dass der Lenker irgend etwas tun muss, seinem Büro in festgelegten und fremd gesteuerten Intervallen mit, wo sich das Fahrzeug gerade befindet. Dazu werden die Daten des GPS-Navigationsgerätes direkt in SMS umgewandelt. Das ist viel genauer und wirtschaftlicher, als die Standort-Auskunft vom Lenker per Telefonat zu erfragen.

Auch z.B. Stauwarngeräte, die Bewegungsmeldungen erfassen, kommunizieren mit ihrer Zentrale über ein GSM-Mobilfunkgerät per SMS, die die entsprechenden Daten enthält.

2. Abrechnung von SMS (Billing)

2.1 CDR von SMS

Das SMSC (Short Message Service Center) generiert den Gebührendatensatz (CDR, Call Data Record, auch Call Detailed Record). Ähnlich generiert die MSC den CDR bei Telefonverbindungen.

Dieser CDR enthält u.a. einen Zeitstempel, eine laufende Nummer, die MSC-Nummer, den SMS-Versender und den SMS-Empfänger. Das Versender-Infoelement enthält u.a. die Telefonnummer (MSISDN), das Empfänger-Infoelement ebenfalls.

Mit diesen CDRs kann der Netzbetreiber die SMS dem Absender zuordnen und berechnen, SMS werden üblicherweise stückweise pauschal abgerechnet.

Eine andere Möglichkeit, die SMS-Nutzung des Funkanschlusses zu ermitteln, gibt es nicht. Der Netzbetreiber hat keine andere Möglichkeit als durch Auswertung der CDRs, die Nutzung dem Kunden zu berechnen.

2.2 SMS und TKG

SMS stellen weder zeit- noch entfernungsabhängige Verbindungen her. Sie sind daher durch die Überprüfung mit Gutachten nach TKG Par.45 (früher TKV), hier technisch durch die Vfg.168/99, nicht erfasst.

2.3 Mißbrauch von SMS

Wenn nun SMS in großer Zahl und rasch hintereinander gesendet werden, erhebt sich die Frage, ob diese SMS manuell von einer Bedienperson oder automatisch von einer fremden Einrichtung oder einem angeschlossenen Computer z.B. zu Missbrauchszwecken und um dem Inhaber der Zielrufnummer Einkommen zu verschaffen, gesendet werden, die irgendwie beschaffte SIM-Berechtigungskarte (mit oder ohne Handy, siehe diese) also "ausgebeutet" werden soll.

Auch ist allgemein bekannt, dass zu Ausbeutungszwecken SMS an ein Handy gesandt werden. Die Beantwortung bzw. der Rückruf löst dann automatisch ein Abo aus (z.b. neueste Nachrichten, Sportereignisse, Partnerangebote etc.), dessen AGB z.B. ganz unten im Text in kleinster Schrift erscheinen, sodass sie vom Empfänger üblicher-weise nicht wahrgenommen werden.

Beispiel: eine SMS kommt an mit der Aufforderung, ein "Dringendes SMS-Telegramm" abzurufen und mit "KATI" zu antworten, damit wird ein "SMS-Chat" um EUR 59,- abonniert, ohne dass der Rückrufer es merkt.

"Abo" bedeutet aber auch z.b., dass an das besagte Handy SMS in großer Zahl (kostenpflichtig) über eine bestimmte Zeit gesandt werden. Auch wenn der Benutzer diese "wegdrückt" und nicht liest, werden sie natürlich berechnet.

Auf diese Weise werden auch ankommende SMS kostenpflichtig.

k/s 05-2008

Stabilität der Systemuhr

Eine Hardwarebetrachtung mit Interpretation des Datenblattes (Kurzzeitstabilität)

1.

Das Thema betrifft die Prüfung eines Netzbetreibers, ob er bei der "Verbindungspreisberechnung" die geforderte Genauigkeit der Abrechnung einhält.

Regulierung in der Vfg.168/99:

"3.2 Systemuhr
Die Ganggenauigkeit, also die Abweichung der Systemuhr in abhängigkeit von der Zeit, muss innerhalb jeder Sekunde besser als $10 \exp(-7)$ sein."

2.

Systemuhren haben als frequenzbestimmendes und frequenzstabiles Bauelement üblicherweise einen Quarz (engl."crystal"). Dessen Daten veröffentlichen die Hersteller in einem

Datenblatt, aus dem die hier relevanten Daten entnommen werden sollen.

3.

Daher wichtig: Den Namen des Herstellers und die Bauteilbezeichnung des Quarzes entnimmt der Sachverständige der Bauteilbeschriftung, indem er sich der Mühe unterzieht, in das Gerät hineinzusehen.

Das Datenblatt selber gibts dann beim Hersteller oder im Internet.

4.

Es soll nun geprüft werden, ob z.B. ein in einem Gerät gefundener Quarz der Vfg.168/99 entspricht.

Beispiel:

Typ: UM-1 High Precision Crystal Fa.DSL
    Frequency Range: 4.0 MHz ... 200 MHz
    AT-cut
    Frequency tolerance (at +25°C): AT +- 3 ppm
    Frequency stability: AT +- 5 ppm
        (-10°C...+60°C)
    Operating Temperature Range: -10°C...+60°C
    Aging (at 25°C) first year: +- 2 ppm /year max.
    Anmerkung: "AT" gibt die bei der Herstellung verwendete Schnittart des Quarzkristalles an.

5.

ppm heißt nichts anderes als "parts per million" oder 10^{-6}.

6.

"Frequency tolerance" gibt die Liefertoleranz der Frequenz an, nicht die dynamische Toleranz, sie ist für Stabilitätsbetrachtungen ohne Belang.

Für die Stabilität des Quarzes ist vor allem die Abhängigkeit von der Umgebungstemperatur und die Abhängigkeit von der Alterung maßgebend.

7.

Eine Alterung von +- 2 ppm pro Jahr bedeutet eine Stabilität für jede Sekunde von $2*10^{-6}$ geteilt durch $(356*24*3600) = 2*10^{-6}/31,5*10^6 = 0,063*10^{-12}$ und kann hier für die Kurzzeitstabilität außer Betracht bleiben.

8.

"Frequency stability" gibt die Stabilität der Frequenz in Abhängigkeit von der Temperatur an:
Die Angabe

+- 5 ppm oder +- 50.10^{-7} im Bereich von $-10°C ... +60°C$

kann wie folgt interpretiert werden:

Wenn man realistischerweise annimmt, dass sich die Temperatur eines schon einige Zeit in Betrieb befindlichen Gerätes um, sagen wir, worst case/maximal +-0,5 °C in der Sekunde ändert, rechnet sich die "stability" bei linearer Betrachtungsweise, bezogen auf den gesamten Definitionsbereich zu

$(50.10^{-7}/70)*1 = 0,714*10^{-7}$,

womit die oben unter 1. genannte Bedingung "10exp(-7) für jede Sekunde" eingehalten wäre.

Anmerkung:

1.

Ist der Quarz in einem Thermostat (engl. "oven"), sind natürlich (nach dem Anheizen) noch viel bessere Werte erzielbar.
Die dann erzielbare Stabilität hängt von der Regelgenauigkeit des Thermostaten ab.

2.

Eine Fremdsteuerung oder externe Frequenz-Synchronisation des Quarzes ist hier nicht betrachtet worden.

hk 02.2008

Fatale Programmierung einer VOIP-Telefonzelle

Seit 1998 steht die Sprachvermittlung nicht mehr im Monopol der Deutschen Bundespost, heute Deutsche Telekom AG. Früher war es undenkbar, privat auf der Straße eine Telefonzelle aufzustellen und zu betreiben. Heute steht einem solchen Vorhaben nichts mehr im Wege. Jedoch sind die Kosten der Zellen recht hoch und die DTAG als Ex-Monopolist versucht auch heute, möglichst wenig in diese Zellen zu investieren, bloß hat ihr der Gesetzgeber hier eine gewisse Mindestversorgung auferlegt.

Inzwischen hat sich jedoch einiges geändert. Das Telefonieren über das Internet ist billig geworden. Wenn ein Unternehmen schon einen DSL-Anschluss hat, daran z.B. eine "Fritz-Box" mit zwei oder drei analogen Anschlüssen, dann ist die neue Geschäftsidee, diese für eine "Telefonzelle" zu nutzen.

Im konkreten Fall wurde in einer süddeutschen Stadt eine rote englische Telefonzelle aufgestellt und darin ein telefonzellen-geeigneter Apparat (sogenanntes "Clubtelefon") aufgehängt und, wie gesagt, an die analogen Anschlüsse der Fritz-Box angeschlossen. Die Telefonzellen-Wände innen und außen wurden an Firmen zwecks Reklameanbringung vermietet und, das Schönste dabei, die Telefonate aus dieser "Internetzelle" sollten nichts kosten.

Nun zum praktischen Betrieb. Kostenlos sollten natürlich nur Gespräche ins deutsche Festnetz sein, also z.B. keine Auslandsgespräche, keine Gespräche in die Mobilfunknetze und keine Verbindungen zu Mehrwertdiensten. Außerdem war die rote Zelle nur zur üblichen Geschäftszeit in Betrieb.

Das geht technisch bei der beschriebenen Anordnung, man kann damit bestimmte Rufnummern bzw. Gruppen von Rufnummern sperren.

Dafür zuständig ist das Clubtelefon, eine private Einrichtung, die an analogen Anschlüssen zu betreiben ist und mit zahlreichen Programmiermöglichkeiten ausgestattet ist.

Unglücklicherweise stand die rote Gratistelefonzelle recht nahe an einer magentafarbenen Nichtgratis-Telefonzelle, die in Folge wahrscheinlich Einnahmeverluste zu verbuchen hatte. Nun kann man heute gegen so eine private Zelle nicht mehr mit Zulassungen,

Netzmonopol, Sprachvermittlungsparagrafen o.ä. Dienstvorschriften vorgehen. Aber ganz wehrlos ist der Magenta-Riese nicht, wie im Folgenden gezeigt wird.

Da kommt doch ein Angestellter dieser großen Telefonfirma und probiert die Konkurrenzzelle aus. Ganz massiv, gleich mit der Rufnummer "110" und "112". Und statt der Polizei/Feuerwehr bekommt er das Besetztzeichen, nicht aus dem DTAG-Netz, sondern sofort gleich aus der privaten Anordnung, siehe oben.

Das ist natürlich fatal, denn jetzt kann der Rote-Telefonzellen-Betreiber nach UWG auf Unterlassung verklagt werden. Denn das TKG sagt in Par.108 ganz eindeutig:

"Par.108 Notruf

(1) Wer öffentlich zugängliche Telefondienste erbringt, ist verpflichtet, für jeden Nutzer unentgeltlich Notrufmöglichkeiten unter der europaeinheitlichen Notrufnummer 112 und den in der Rechtsverordnung nach Absatz 2 Satz 1 Nr.1 festgelegten, zusätzlichen nationalen Notrufnummern bereitzustellen."

Warum bekam der Tester Besetztzeichen? Ganz einfach: der Programmierer hatte u.a. einfach die Zifferngruppe "11" gesperrt, um damit z.B. alle teuren Auskunftsdienste, wie z.B. "11880 - da werden Sie geholfen" auszuschließen. Das war ja ok, aber zugleich war, was der flotte Programmierer nicht beachtete, auch "110" und "112" gesperrt worden. Und das war fatal.

Weiters muss die Telefonzelle die Rufnummer übertragen können:

"Wer öffentlich zugänglich Telefondienste erbringt, den Zugang zu solchen Diensten ermöglicht oder Telekommunikationsnetze betreibt, die für öffentlich zugängliche Telefondienste genutzt werden, hat sicherzustellen oder im notwendigen Umfang daran mitzuwirken, dass Notrufe einschließlich

1. der Rufnummer des Anschlusses, von dem die Notrufverbindung ausgeht, oder in Fällen, in denen die Rufnummer nicht verfügbar ist, der Daten, die nach Maßgabe der Rechtsverordnung nach Absatz 2 zur Verfolgung des Missbrauchs des Notrufs erforderlich sind, und

2. der Daten, die zur Ermittlung des Standortes erforderlich sind, von dem die Notrufverbindung ausgeht,

unverzüglich an die örtlich zuständige Notrufabfragestelle übermittelt werden."

Nun weiß jeder, dass die Rufnummernübermittlung bei Telefonie über das Internet (noch) nicht immer gut funktioniert. Also ist die Idee von der VOIP-Telefonzelle schlicht gesetzwidrig.

Im Verlauf des nun beginnenden UWG-Prozesses soll ein Sachverständiger die rote Zelle überprüfen. Dafür hatte der Telefonzellenbetreiber dann schnell die Programmierung geändert, denn bei dieser Überprüfung funktionierte - mit deutlich feststell-barer zeitlicher Verzögerung - die Anwahl der "110" und "112", der SV-Anrufer hörte zwar die Polizei, sie hört ihn aber nicht. Also wieder kein Notruf möglich. Der Betreiber gab an, inzwischen "eine neue Fritz-Box" eingebaut zu haben, doch auch damit war es immer noch schlimm genug.

Was hatte der Programmierer getan? Ganz einfach, er hatte für die Gruppe "11" statt einer Wahlsperre die alte Mikrofonsperre des Telefonzellenapparates aktiviert. Das war früher ganz normal: Zuerst Münze einwerfen (heißt heute "Prepaid"), dann konnte man wählen. Meldete sich der gerufene Teilnehmer, was der Anrufer hören konnte, Zahlknopf drücken, die Münze fällt in die Kassierbox und der Anrufer kann dann erst einmal mit dem Angerufenen sprechen und eine bestimmte Zeit lang telefonieren. Diese Funktion war also noch in dem Telefonzellenapparat implementiert und da dachte sich unser Programmierer: soll er doch 11880 anrufen, sprechen kann er mit der Auskunft nicht, ihm wird nicht geholfen. Der Zahlknopf war einfach nicht vorhanden.

Der Telefonzellenbetreiber bekam die Chance eines zweiten SV-Ortstermins. Dabei funktionierte alles: Notruf 110, Notruf 112 und Rufnummernübertragung. Grund: der Betreiber hatte die Telefonzelle inzwischen von VOIP auf ISDN umgestellt, was man z.B. am sofortigen Verbindungsaufbau (im Gegensatz zur langen Rufverzögerung bei VOIP) und der nachprüfbaren Rufnummernübertragung erkennen konnte.

Das Gericht sah in der (zweimal) fehlenden Notruffunktion (so wie der große Netzbetreiber) einen Verstoß gegen das TKG und UWG (unbesehen der fehlenden Rufnummernübertragung) und nachdem der Zellenbetreiber - von seinem Rechtsanwalt schlecht beraten - keine Unterlassungserklärung abgegeben hatte, wurde es dann richtig teuer (üblicher Streitwert 15.000 EUR).

Den Richter erboste dabei besonders, dass der Telefonzellenbetreiber die technische Anordnung gegenüber dem ersten Zustand
zweimal geändert und somit den SV-Beweis des ersten Zustandes
vereitelt hatte.

Ein wenig Kenntnis des gültigen TKG und vor allem der klassischen
Telefontechnik hätte diese Klage samt schlimmen finanziellen
Folgen leicht verhindern können.

Merke: Auch im Zeitalter von VOIP und DSL ist es gut zu wissen,
was das belächelte POTS (Plain Old Telephone System in analoger
und digitaler Technik) alles kann, dessen Kenntnis hilft gegen
Klagen und hohe Prozesskosten.

k/s 07.07

Überspannungs-Schaden einer TK-Anlage ?

Besichtigung einer TK-Anlage, aufgrund
Fehlerdiagnose des Lieferanten: Überspannung.
Hier: Darstellung der Frust des Gutachters.

A. Grund des Schadens

1. Die beschädigte Telefonanlage war bei der Besichtigung
   bereits abgeschaltet und von Amts- und Nebenanschluss-
   Leitungen sowie vom Stromnetz getrennt.
   Die neue TK-Anlage war bereits in Betrieb.

2. Das bedeutet, dass eine betriebsmäßige Prüfung, ob die
   Telefonanlage noch funktioniert oder tatsächlich durch
   Überspannung (irreparabel) beschädigt ist, nicht möglich war.

3. Eine Wiederherstellung des Zustandes unmittelbar nach Schaden
   eintritt würde aufwandsmäßig daher einer Neuinstallation der
   Telefonanlage entsprechen und wäre m.E. nach unverhältnis-
   mäßig; außerdem müsste für diese Prüfung das gesamte Netz des
   Kunden von der neuen auf die alte Anlage wieder zurück
   geschaltet werden, das heißt, der Kunde könnte in dieser Zeit
   nicht telefonieren.

3. Außerdem war die ursprüngliche Installation rund um die Anlage, wie Verteiler, Schutzbauelemente, Netzanschaltung usw. nicht mehr vorhanden bzw. bereits für die neue Telefonanlage verwendet worden und das übrige an Installation abgebaut.

   Hier wären ggf. auch Feststellungen möglich gewesen.

4. Eine Untersuchung des Backpanels, des Netzgerätes und einiger Leiterplatten der Anlage ergab keinerlei optische Anzeichen von zerstörenden Überspannungen, die da üblicherweise sind:

   verbrannte Leiterbahnen, Spuren von Überschlägen, zerstörte oder beschädigte Schutzbauelemente etc.

5. Das muss aber nicht bedeuten, dass keine Zerstörung von wesentlichen Bauelementen, wie integrierten Schaltungen, stattgefunden hat, diese wäre nicht unbedingt optisch sichtbar.

   Sie lassen sich nicht optisch, sondern nur durch einen Test z.B. der Leiterplatten (in der Anlage 59 Steckkarten) erkennen.

6. Dieser Test kann jedoch nicht mit einfachen und in jedem Labor vorhandenen Mitteln durchgeführt werden. Dazu bedarf es des speziellen LP-Testautomaten des Herstellers. Die Leiterplatte wird in diesen Automaten gesteckt und ein vorbereitetes Programm prüft die wichtigsten Funktionen der Leiterplatte.

7. Ich selber habe bei einer Telefonanlage eines Herstellers so einen Test ausführen lassen. Es hat jedoch sehr lange gedauert, bis der Ort des Automaten im Konzern und der Mitarbeiter, der diesen noch bedienen konnte, festgestellt und die Erlaubnis erteilt wurde, das Gerät zur Diagnose zu benützen.

8. Erst aufgrund einer derartigen Diagnose kann dann der SV sagen, der festgestellte Fehler könnte (unwahrscheinlich, wahrscheinlich, sehr wahrscheinlich) von einem Überspannungseinfluss stammen. Dies, wie gesagt, wenn keine optischen Schäden erkennbar sind.

9. Die Schadensursache "Überspannung" stammt vom Lieferanten der neuen Anlage. Dieser wäre daher aufzufordern, diese Diagnose zu begründen z.B. wie folgt:

- wieso erfolgte diese Diagnose

- welche Teile/Baugruppen/Leiterplatten wurden als
  überspannungsbeschädigt ermittelt
  (genauer Ort in der Anlage, Bezeichnung, Seriennummer)

- wenn der Schaden nicht optisch sichtbar ist, wie wurde
  die Beschädigung ermittelt (Test der Leiterplatten o.ä.)
  (Anmerkung: der Hersteller gab keinerlei Auskunft dazu).

10. Alle 59 Leiterplatten vor Ort optisch zu prüfen, hätte
    unverhältnismäßig lange gedauert und wurde aus
    Kostengründen nicht vorgenommen.

11. Überspannungsschäden haben üblicherweise externe
    Ursachen. Diese festzustellen, wäre Voraussetzung für die
    Diagnose.

    Also:

    - wurde ein Blitzgutachten (von BLIDS o.ä.) eingeholt
      fand ein Gewitter zum Schadenszeitpunkt statt
      (Anmerkung: es gab kein Gewitter zum Schadenszeitpunkt)

    - fanden im Netz des Energieversorgers von Bad Cannstatt
      Umschaltvorgänge udgl. statt

12. Nicht so recht zur Diagnose "Überspannungsschaden" passt die
    Aussage des Personals des Kunden, nach Schadenseintritt
    hätten noch alle Anzeigelampen (Netzteil, Baugruppen)
    geleuchtet.

    Eine ergänzende Prüfung vor Ort hat ergeben, dass
    alle Sicherungen der diversen Netzteile noch intakt waren.

B. Schadenhöhe
----

1. In der Telefonanlage befanden sich bei der Besichtigung mehrere Baugruppen, die ausser Betrieb waren, mit "alt" gekennzeichnet bzw. durch ein "X" als nicht betriebsbereit gekenn –
   zeichnet waren. Ferner wurde in einem der Schränke ein Zettel
   vorgefunden mit dem Text: "LP-KSZ2 LP-KBZ-2 versuchsweise
   gesperrt 15.09.1998/20:45"

2. Außerdem wurde festgestellt, dass die Telefonanlage als Ablagerplatz für Ersatzteile und Zusatzgeräte diente.

3. Aus diesem Grund war es nicht möglich, den aktuellen Ausbau- und Konfigurationszustand der Anlage zu ermitteln, der für die Preis-/Schadenshöheberechnung erforderlich ist.

4. Ob Endgeräte auch durch Überspannung beschädigt wurden oder nur der Zentralenschrank, ist ungeklärt. Mir wurde jedenfalls nur der Zentralenschrank gezeigt, Rechnungen für Endgeräte in der Neuanlagen-Anschaffungsrechnung wären demnach herauszustreichen.

C. Neu- und Zeitwert

1. Die beschädigte Telefonanlage Typ XYZ hat nach Angabe des Personals des Kunden folgende Geschichte:

    Mietanlage ab 1989, wegen Erweiterung 1995 Mietvertragsverlängerung bis 2003, ab 2003 als Eigentumsanlage
    Schaden in 11.2007: Totalausfall.

2. Daher sollten von der Verwaltung des Kunden die aktuellen Vertragsunterlagen der Telefonanlage zur Verfügung gestellt werden, da der Kaufpreis/Objektwert aus der Konfiguration ermittelt werden muss:

    alter Mietvertrag, seinerzeitiger Kaufvertrag, Erweiterungen soweit vom Schaden betroffen, Wartungsvertrag

    (Anmerkung: derartige Unterlagen waren vom Kunden nicht mehr zu bekommen)

3. Die Telefonanlage ist somit ca. 18 Jahre alt, das bedeutet, ein Zeitwert wird wohl schwerlich ermittelbar sein, der Restwert wird wahrscheinlich wesentlich geringer sein als die Entsorgungskosten.

    Für das Jahr 1989 gab es letztmalig noch eine "Post-Preisliste", sodass der Restwert in % des Neuwertes berechenbar wäre.

4. Es ist wahrscheinlich, dass es beim Lieferanten keine Ersatzteile mehr für eine derart alte Anlage gibt.

5. Einen Anhaltspunkt kann der Anschaffungswert der bereits in Betrieb genommenen neuen TK-Anlage geben. Eine Wertermittlung anhand der Konfiguration der alten Anlage wäre (mit den oben erwähnten Unsicherheiten) prinzipiell möglich.

Ob anlässlich der Errichtung der neuen TK-Anlage Erweiterungen Umstellungen oder Zusätze vorgenommen wurden, konnte nicht ermittelt werden, der Kunde gab dazu keine Auskunft.

D. Zusammenfassung

Es ist die anscheinend die Regel, dass ein TK-Anlagen-Sachverständiger erst dann eingeschaltet wird, wenn der Schaden schon (restlos?) beseitigt ist.

Dann soll der Sachverständige präzise alle Details des Schadens ermitteln; am einfachsten wäre es für den Versicherer, wenn der Sachverständige die bereits getätigte Neuanschaffung als 100%igen Ersatz der alten Anlage "absegnet" (und selbstverständlich für alle Preisangaben persönlich 30 Jahre lang haftet).

Unterlagen der Telefonanlagengeschichte waren nicht erhältlich.

Auskünfte des Herstellers zu obigen Fragen ebenfalls nicht.

Es konnte auch nicht geklärt werden, ob lediglich der Prozessor der Anlage "abgestürzt" war und ein Hochfahren der alten Anlage noch möglich gewesen wäre.

Es bleibt der Versicherung somit nur, ihrem guten Elektronik-Versicherungs-Kunden eine Schadenregulierung auf Kulanzbasis anzubieten (und dem SV seine Aufwendungen zu ersetzen).

k/s 02/08

Bewertung von TK-Anlagen

Anmerkung: TK-Anlage = Telekommunikations-Anlage, auch Telefonanlage, Nebenstellenanlage, PABX (Private Automatic Branch Exchange) oder PBX genannt.

Oft besteht die Aufgabe, den Wert einer TK-Anlage nach einem Schaden (Wasser, Brand, Staub etc.) zu ermitteln. Oder es muss z.b. der Wert bei Verkauf oder Betriebsübergang bestimmt werden oder es wurde ein Mietvertrag aufgelöst und der "Schaden" des Vermieters (der ja ab Stichtag keine Mieten mehr bekommen soll) ist festzustellen.

TK-Anlagen haben gegenüber anderen Büroeinrichtungen oder betrieblichen Maschinen einige Besonderheiten. Der Bewerter sollte diese und diverse Hintergrundinformationen kennen, um nicht zu falschen Schlüssen zu gelangen.

1. Geschichte der TK-Anlage

Die ersten TK-Anlagen kamen so etwa um 1900 auf den Markt, noch in handbedienter Technik, z.B. mit einem "Stöpselschrank" (heute sagt man vornehm "patch panel" dazu): Jede Leitung, ob zur Nebenstelle oder zum Amt, hatte als "Termination" eine Buchse oder ein Kabel mit Stecker und es konnte somit jeder mit jedem durch Handbedienung des "Fräulein vom Amt" verbunden werden. Einen Vorteil hatten diese Anlagen gegenüber heute verwendeten: Man konnte Verbindungen im Bedarfsfall trennen (einfach Stecker herausziehen), weshalb diese Art von Anlagen auch heute noch gelegentlich im militärischen Umfeld anzutreffen sind.

Später dann ersetzte man die Handvermittlung durch Wähler, später durch Koppelfelder (auch "Raumvielfache" genannt), die es gestatteten, dass jede Nebenstelle mit jeder Amtsleitung z.b. durch Tastendruck automatisch verbunden werden konnte.

Mit Aufkommen der Digitaltechnik wurden auch "Zeitvielfache" möglich und wirtschaftlich (siehe ISDN) und als die Paketvermittlung reif war, konnte (mit entsprechender Übertragungsgeschwindigkeit) verständliche Sprachverbindungen auch über digitale Pakete quasi "verbindungslos" hergestellt werden (siehe "Voice over Internet Protocol (VOIP)").

2. Zweck und Anwendung von TK-Anlagen

Der Zweck der TK-Anlage ist eigentlich immer, eine begrenzte Zahl von Netzzugängen (externen Kanälen, Amtsleitungen) einer größeren Anzahl von (internen) Nutzern über Nebenanschlussleitungen zugänglich zu machen. Außerdem sollten die internen Nutzer (Nebenstellen) auch untereinander (intern und kostenfrei) telefonieren können.

Ankommende Verbindungen werden entweder zur Nebenstelle direkt durchgewählt oder durch eine "Vermittlung" oder ein "Call Center" weiterverbunden.

Abgehende Verbindungen werden über einen freien externen Kanal hergestellt. Ein digitaler Basisanschluss hat z.b. 2 Kanäle, ein Primärmultiplexanschluss hat 30 Kanäle. Eine analoge Leitung hat nur einen Kanal.

Zur Unterstützung der internen und externen Kommunikation werden in der Systemsteuerung umfangreiche (heute rein) softwarebasierte Leistungsmerkmale bereitgehalten, wie z.B. Telefonbuch für die Nebenstellen, Rückruf, Anrufumleitung, Anrufweiterleitung, Umlegen von Gesprächen.

TK-Anlagen lassen sich auch in das Netz des Netzbetreibers "integrieren". Dann führen nicht z.b. 10 "Amtsleitungen" in die TK-Anlage des Benutzers, sondern z.b. alle 100 Nebenanschlussleitungen führen ins Netz hinaus. Man sagt zu solch einem Gebilde dann "Centrex" oder auch "Cloud". Es kann aber auch beim Benutzer (in "customer premises") bereits ein Konzentrator stehen.

3. Analyse der Konfiguration

Am Beginn der Bewertung einer bestehenden TK-Anlage muss eine Bestimmung der Konfiguration stehen. Das heißt: wie ist das externe und interne Netz gestaltet. Und: ist die TK-Anlage Bestandteil eines "Netzes" von z.B. mehreren Zweigstellen oder ist sie "standalone".

Beispiel einer mittleren TK-Anlage:

a) Zentrale

- 5 Basisanschlüsse (10 digitale B-Kanäle)
- 35 analoge Nebenstellen (Schnittstellen a/b)
- 15 digitale Nebenstellen, zweikanalig, firmenspezifische

Schnittstelle (z.B. UN, Upo o.ä.)
- 2 Schnittstellen So für Endgeräte
- 1 PC für Gesprächsdatenerfassung (der auch zur Konfiguration der TK-Anlage verwendet wird)
- 1 Netzschnittstelle für IP
- 1 DECT-Netz-Anschaltung

b) Endgeräte

- 33 analoge Telefonapparate mit MFV Wahl
- 2 Faxgeräte
- 15 digitale Komfort-Apparate
- 2 Telefone mit VOIP
- 20 schnurlose DECT-Telefone

Zur Ermittlung der Konfiguration kann man auf bestehende Kauf- oder Mietverträge zurückgreifen, sofern sie aktuell sind. Meist wird aber eine TK-Anlage im Laufe der Zeit erweitert und die Verträge werden ergänzt. Es ist oft nicht leicht, alle Vergrößerungen und Verkleinerungen der Anlage festzustellen; im Bedarfsfall muss man dann schon den Anlagenschrank öffnen bzw. den 19-Zoll-Rahmen ansehen und die Leiterplatten bestimmen bzw. zählen.

Keine TK-Anlage ist der anderen gleich, es sei denn, es handle sich um eine z.B. kleine Anlage mit festem Ausbau. Dann kann man sich auf die Erfassung der Endgeräte beschränken.

In neuerer Zeit begannen Firmen, neben der Hardware auch "Lizenzen" z.B. für jedes Endgerät oder für jeden Kanal zu verkaufen. Das trägt natürlich zur Verwirrung bei, erhebt sich doch die Frage, wie die an einen Kunden ausgereichten Lizenzen zu bewerten sind, wenn die TK-Anlage z.B. durch Hochwasser untergegangen ist.

4. Preisbestimmung

Nach Ermittlung aller zur Bewertung anstehenden Items (Installationsmaterial bleibt außen vor, es wird als Verbrauchsmaterial bewertet) geht es darum, die Preise der einzelnen Posten zu erfahren.

Bis etwa 1989 gab es noch die sogenannten "Postpreislisten", an die sich die am Markt herrschenden Firmen fast immer in etwa gehalten haben. Zuerst waren es nur 4 "Hoflieferanten" der Bundespost (Siemens, TN, SEL, DeTeWe), dann kamen Nixdorf,

Ericsson, Mitel usw. dazu. Die Demontage der Postpreislisten besorgten die Newcomer, die, was zuvor einfach unmöglich war, satte Rabatte auf diese Listen gaben. Es begann mit 30% Rabatt, um es kurz zu machen, bei entsprechender Verhandlung waren schließlich 75% Rabatt drin, wenn es dem Anbieter darauf ankam.

Preislisten haben alle Anbieter auch heute noch, sie sind allerdings anders strukturiert als die seinerzeitigen Postpreislisten (siehe z.B. "Lizenzen") und es bedarf für einen Außenstehenden schon einiger Studiums, um das Prinzip der firmenspezifischen Preisermittlung zu erkennen.

TK-Fachleute sind sich einig, dass der Kunde heute durch eigene Verhandlung bis zu 50% Rabatt auf die "Listenpreise" erreichen kann. Wenn eine Ausschreibung mit mehreren Anbietern gemacht wird, sind dann schon die besagten 75% drin.

Es geht aber zuerst darum, Einblick in die Preislisten zu bekommen, um den "Listenpreis" zu erfahren. Der sollte der Ausgangspunkt sein. Das ist nicht einfach, denn die Anbieter geben diese Listen i.a. in ihrer vollen Breite nicht heraus.

Ein Weg zu den "Listenpreisen" zu kommen ist eine schriftliche oder telefonische Anfrage nach den einzelnen Komponenten der Anlage. Hat der Hersteller einen Vertriebspartner, ist der vielleicht weniger zugeknöpft und gibt die einzelnen Preise heraus. Oder man hat vielleicht das Glück, die Preislisten-CD zu ergattern. Die gilt dann aber meist nur für eine gewisse Zeit, dann werden die Preise geändert oder die Anlage nicht mehr angeboten und man muss sich erneut auf die Suche machen.

Anmerkung: Inzwischen haben einige der oben genannten Anbieter den TK-Anlagen-Markt wieder verlassen.

5. Zeitwert

Ist nun der Preis des zu bewertenden Clusters so einigermaßen ermittelt, erhebt sich die Frage: wie sieht es mit dem Zeitwert aus?

5.1 Grenzwerte

Zwei Grenzwerte sind da von Bedeutung: einerseits der Neupreis laut Listenpreis (ggf. abzüglich Rabatt, siehe oben), anderseits der Restwert einer Anlage z.B. nach einem Schaden (Wasser, Staub,

Brand, mechanische Zerstörung, Blitzschlag, Überspannung etc.), wenn die TK-Anlage

a) irreparabel beschädigt ist (z.B.verbrannt)
z.b. Schrottwert abzüglich Entsorgungskosten
b) beschädigt, aber wirtschaftlich reparabel ist oder
c) einfach nur technologisch veraltet ist.

Der einfachste Fall ist da sicherlich c): alles funktioniert zwar noch, man kann damit telefonieren, aber die TK-Anlage ist technologisch veraltet, es gibt kein VOIP-Modul für sie und sie wird nicht mehr vom Service unterhalten, es gibt keine Software-Updates mehr.

Bei Maschinenbewertungen hat in diesem Fall z.B. Dick einen Restwert von 10% des Neuwertes angenommen, bei TK-Anlagen heute ist das sicher zu viel, man wird da besser einen Wert zwischen 3..5% annehmen.

5.2 Werteverlauf

Werte zwischen Neupreis und Restwert lassen sich nach den anerkannten Grundsätzen der Werteermittlung bestimmen; der Verlauf kann z.b. linear, geometrisch degressiv oder arithmetisch degressiv sein.

Damit lassen sich Zwischen-Werte zwischen der Neuanlage und dem Restwert bestimmen.

07/09

Aufstieg und Fall eines akkreditierten Labors

Unser Ausflug in ein Qualitäts-Sicherungssystem
nach ISO9000 und EN 45001

Qualitätssicherung in einem Kleinstbetrieb 1993-2000

Von uns aus hätten wir niemals daran gedacht, uns und unser Telecommunications-Test-Labor mit der ISO 9000 zu bearbeiten, das war - nach unserer Meinung - für uns doch nur etwas für große Fertigungsbetriebe.

Sie erlauben mir, dass ich im weiteren nicht nochmals auf die einzelnen Punkte der ISO 9000 eingehe - Sie hatten ja schon mehrfach Vorträge zu diesem Thema gehört - weil sich dann bei dieser Wiederholung wahrscheinlich lähmende Langweile auf den Saal senken würde.

Ich darf das Thema vielmehr etwas lockerer behandeln und bitte schon jetzt alle hier anwesenden Qualitätsexperten um etwas Nachsicht.

Und so fand uns das Jahr 1993 in den wildesten Vorbereitungen.

Wir hatten uns bisher mit der Vorbereitung auf die amtliche Zulassungsprüfung für Telecommunications-Endgeräte befasst und damit unseren Kunden - vor allem aus dem Ausland - eine hochgeschätzte und von unseren Kunden auch anständig honorierte Dienstleistung angeboten.

Zuerst waren unsere Kunden allein zum staatlichen Monopol-Labor gegangen, dort durchgefallen und kamen dann zu uns - teilweise sogar direkt vom Zulassungslabor der Bundespost an uns verwiesen.

Wir modifizierten die Endgeräte (Modem, Fax, TK-Anlagen etc.) und machten sicherheitshalber vor dem behördlichen Zulassungstest einen internen Vortest in unserem Labor.

Doch eines Tages hörten wir ein Gerücht, demnächst könnten sich weitere Labors zur Zulassungsprüfung bewerben. Nach intensiven Recherchen fanden wir heraus, das man durch eine Institution, die sich "DEKITZ" nannte, sich "akkreditieren" lassen müsse. Ein Anruf dort wurde kühl damit beantwortet, wir möchten doch uns gefälligst schriftlich anmelden.

Gesagt, getan: nach einiger Zeit kam dann ein Paket mit Formularen, in denen vor allem immer wieder nach einem "Qualitätshandbuch" gefragt wurde, was wir nicht hatten und auch nicht wussten, wie so was aussieht. Also was tun? Schlaumachen, möglichst schnell. Die Kollegen fragen, wies geht, war nicht möglich, die hatte nämlich allesamt auch keine Ahnung.

Ich war dann bei einem Seminar der "Deutschen Gesellschaft für Qualität" (DGQ) in Würzburg, das im übrigen - trotz der sehr trockenen Materie - sehr gut und effektiv war. Dort war auch schon praktischerweise ein Teilnehmer (ein Schweizer) dabei, der

Qualitätsgutachter war und uns mit drohenden Sprüchen Angst und Schrecken einzujagen versuchte.

Zuerst lernten wir was Qualität ist.

Es ist ein weitverbreiteter Irrtum anzunehmen, Qualität hätte etwas mit Höchstleistungen zu tun. Mit dieser Ansicht wurde gründlichst aufgeräumt.

Qualität ist vielmehr, in meinen Worten populär ausgedrückt, wenn ich mir selber einen gewissen Standard oder Unternehmensablauf setze, diesen gemäß dem Schreibeschema der ISO 9000 möglichst genau beschreibe (auf Papier!) und dann alle Maßnahmen in meinem Betrieb veranlasse, dass dieser selbstgesetzte Standard möglichst jederzeit eingehalten wird und Maßnahmen vorgesehen werden, wenn es zu Abweichungen von diesem Standard kommen sollte.

Alle diese Details, schriftlich festgehalten und gemäß ISO 9000 geordnet, bilden das Qualitätshandbuch (QSH), auch Qualitätsmanagementhandbuch (QMH) genannt.

Kleines Beispiel zu ISO 9000: Der Bulettenbrater McDonalds, der alle Details seines Betriebes bis ins Kleinste schriftlich fixiert hat und dies u.a. auch durch verdeckte Inspektionen rigoros prüft, hat ein verlässliches Qualitätsmanagement nach ISO.

Der Starkoch Bocuse, der seine Gäste liebevoll mit jeden Abend neuen und selbsterfundenen Leckerbissen überrascht, bekommt keine Qualitätszertifizierung. Die Frage ist: braucht er die ISO 9000 fürs Geschäft?

Wenn für eine bestimmte Messung eine Genauigkeit, besser gesagt. Messunsicherheit von 0,5% ausreicht oder sogar von der Richtlinie her vorgegeben ist, und das steht in unserem QSH und wird auch eingehalten, dann bedeutet das Qualität und Qualität tritt nicht dann erst ein, wenn ich mit 0,1% Genauigkeit messe (wie mir das ein präpotenter, selbsternannter Qualitätsspezialist - der Konkurrenz, versteht sich - vorschreiben wollte).

Nun zurück zu unserem Labor. Labors werden im übrigen akkreditiert, wenn sie ein Qualitätssicherungssystem nachweisen können. Die Prüfberichte dieser Labors können dann von einer anderen Stelle (das war in unserem Fall zeitweise das BAPT bzw. RegTP) ohne nochmalige technische Überprüfung zertifiziert werden. Das nur zum Auseinanderhalten der Begriffe.

Eine kurze Anmerkung noch zur Zertifizierung: auch Personen können zertifiziert werden. Bekannt sind unsere Sachverständigenkollegen aus der KFZ-Branche und der Grundstücksbewertung, die - wenn nicht öffenlich bestellt und vereidigt - sich vom Zertifizierungsinstitut des Instituts für Sachverständigenwesen (IFS) zertifizieren lassen können. Dazu musste vorher das IFS von einer anderen Institution akkreditiert werden.

Ein weiteres Beispiel einer Zertifizierung ist z.B. der von der Regulierungsbehörde (RegTP) geprüfte Funkamateur. Der muss zwar nicht ein QSH führen, unterliegt aber der Aufsicht der RegTP.

Zurück zu unserem QSH.

Über den Umfang der Qualität: - also was wir alles zu beschreiben hatten - gab es bei unserem Kleinbetrieb nicht viel zu sichern.

Liest man sich die sogenannte "allgemeine QSH" durch, und versucht sie, auf die eigenen Verhältnisse anzupassen, dann kann es schon vorkommen, dass man ratlos wird oder in Gelächter ausbricht.

Was sollten wir in unserem Minibetrieb eine eigene unabhängige "Qualitätssicherungsabteilung" einrichten, die Beziehung dieser Abteilung zur "Leitung des Unternehmens" definieren, das "Organigramm", die "Lenkung der Dokumente", das "Zugangssicherungssystem" zum Labor, die "Weiterbildung der Mitarbeiter" beschreiben und die 10jährige Aufbewahrung der Dokumente, eine Geschäftsordnung für interne Audits usw.

Die Kernfrage, wie wir unser QSH gestalten sollten, haben wir in unserem Betrieb, mit 2 Dipl.Ing. bestückt, dann so gelöst, dass wir für Firmenqualität das "Prinzip der gegenseitigen Kontrolle" definierten:

"Was der eine tut, muss der andere kontrollieren und abzeichnen."

Der Hintergrund dafür ist, dass eine Person allein kein Qualitätsmanagement haben kann und auch nicht mit ihrem Labor akkreditiert werden kann. Basta.

Einen so gestalteten QSH-Entwurf haben wir dann - nicht der DEKITZ - sondern dem BAPT/später RegTP zugesandt, das inzwischen eine eigene Akkreditierungsabteilung für Prüflabors in der TK aufgebaut hatte. Sogar ein Organigramm hatte ich entworfen, es sei hier verraten, dass darin einige notwendige Kästchen von einer Person mehrfach besetzt waren.

Von unserem Akkreditierer hörten wir dann eine Weile nichts, warum, kommt weiter unten. Dann bekamen wir eine Rechnung und eine Terminabstimmung, mit 2 Tagessitzungen bei uns im Labor sollte die Akkreditierung über die Bühne laufen.

Es erschienen dann drei Mann hoch: der Vertreter der Akkreditierung RegTP, der Gutachter für allgemeine QS und der Fachgutachter. Drei Mann heißt an Kosten drei Tagessätze samt Übernachtung und Reisespesen, das ganze zweimal zuzüglich "Gebühren" der Behörde.

Sofort bemäkelte der Qualitätsgutachter, der "Zugang zum Labor" gemäß EN 45001 sei nicht leicht möglich, denn der Pfeil auf der Hausnummer verweise in die falsche Richtung, also weg von Nadistrasse 4. Mein Hinweis, dass dies eine städtische Norm sei und der Pfeil in Richtung ansteigender Hausnummern zeige, wurde verworfen. Wir haben dann nachträglich tatsächlich noch einen zusätzlichen Pfeil auf unser Firmenschild setzen lassen, da man uns eine Änderung der Hausnummerntafel wohl sehr übel genommen hätte.

Die Sitzung war ansonsten recht konstruktiv: wenn ein Gutachter einen Einwand gegen unsere QSH-Formulierungen hatte, wurde sofort von uns das QSH (am Laptop) ausgebessert und - mit einem tüchtigen und gut organisierten Sekretariat im Hintergrund - hatten die Herren innerhalb 15 Minuten eine neue Version des QSH vor sich zur sofortigen Stellungnahme und Genehmigung.

Das wiederholte sich am ersten Tag so an die 5..6mal und der Gutachter Allgemeine QS bemerkte malziös am Ende des Tages, als alle drei Herren zufriedengestellt waren, "na da haben Sie ja das QS-System wohl im Rahmen der Begutachtung hochgezogen."

Es war die Frage des "Zugangssicherungssystems" zu lösen. Bei der Telekom im Labor im Steinfurt hatten sie da einen elektronischen Türriegel, der mit eigenen Chipkarten zu öffnen war, und zugleich wurde der Eintritt oder der Austritt der Person mit der

Chipkarte auf einem Rechner samt angeschlossenem Drucker protokolliert. Der vornehme Charme des Monopolisten.

Das war mir viel zu aufwändig und so entwarf ich einfach ein Formular, das jeder Besucher auszufüllen hatte, basta. Außerdem verwies ich darauf, dass wir erst kürzlich (nach einem Einbruch übrigens) eine mehrfach mit Riegeln gesicherte Eingangstüre hatten einbauen lassen.

Der Qualitätsgutachter hat dazu zwar die Augenbrauen hochgezogen, aber dann doch unsere hiermit definierte Qualität des Zugangs "gefressen".

Das wichtigste, nicht vielleicht für ISO 9000 pur, als vielmehr für unser Labor, war nicht die abstrakte allgemeine QS, sondern die Verfahrensanweisungen, sprich: Wie messe ich was und womit. Beispiel: Wie heißt die Vorschrift für die Rückflussdämpfung, wie sieht die Schaltung aus und mit welchen Messgeräten wird sie aufgebaut, wie wird vor der Messung kalibriert, in welchen Inkrementen wird die Messgrösse festgehalten, wie sieht die Ergebnistabelle aus. Diesen Abschnitt der QS fand ich persönlich am nachhaltigsten und nützlichsten, obwohl er so nicht direkt in der ISO 9000 bzw. EN 45001 steht.

Dafür hatten wir in nächtelanger Arbeit alles festgelegt, zuletzt umfassten die Verfahrensanweisungen 5 dicke Leitzordner. Die eigentliche, allgemeine QS kam mit etwa 25 lächerlichen Seiten aus.

Am Ende des ersten Tages waren alle zufrieden und wollten in einer zweiten Sitzung noch Details prüfen und der allgemeine Qualitätsgutachter wollte unbedingt noch ein schriftliches Gutachten schreiben (Kostenpunkt: weitere 3 Tagessätze).

Nachdem auch die zweite Sitzung gut verlaufen war, wir die Kosten alle gezahlt hatten (ohne unseren Zeitaufwand so an die DM 30.000, zuzüglich einer uns aufs Auge gedrückten zusätzlichen - in meinen Augen überflüssigen - Messgeräteanschaffung von DM 20.000) und alle Formblätter ausgefüllt waren, geschah längere Zeit nichts. Trotz regelmäßiger Nachfragen kam keine Urkunde vom Akkreditierer, es wurden formale Probleme der Regulierung genannt usw.

In Wirklichkeit - das kam erst viel später heraus - war das staatliche BZT-Labor mit seinem QSH bei weitem noch nicht soweit wie wir und es konnte doch nicht angehen, dass ein fremder Dritter BATELCO vorher akkreditiert wird und womöglich in der

Zwischenzeit sich auf Kosten des staatlichen Labors goldene Nasen verdient.

Also erst nachdem der Ex-Monopolist akkreditiert war, bekamen wir auch unsere Urkunde und konnten loslegen. In der Zwischenzeit mussten wir unsere Kunden noch zum selbigen Staatslabor schicken - ein unhaltbarer Zustand. Unsere Kunden glaubten schon, wir würden sie mit einer vorgetäuschten Akkreditierung anschwindeln.

Also sowohl finanzielle Nachteile wie auch Imageverlust durch zu späte Aushändigung der Urkunde - durch die Institution, der wir viel Geld bezahlten, unseren Akkreditierer.

Doch dann konnte es endlich losgehen, aber mit der Zertifizierung unserer Prüfberichte ließ sich das BAPT/RegTP dann noch Zeit, hatte zahlreiche Rückfragen, Beschwerden (grundlos, versteht sich) usw.

Wir hatten da manchmal den Eindruck, da wolle jemand von uns in ISO 9000/EN 45001 geschult werden. Es verging etwa ein weiteres Jahr, bis das alles reibungslos lief.

Das Spielchen mit der Akkreditierung weiterer Verfahrensanweisungen - damals kam so jedes Vierteljahr eine neue Vorschrift auf den Markt - ging dann wie oben über die Bühne - erst das BZT, dann BATELCO.

Manchmal mussten wir auch dann warten, wenn der Hersteller des beim BZT verwendeten Testautomaten diesen entsprechend nachgerüstet hatte. Großes Erstaunen, weil wir nicht die gleiche Maschine (Kostenpunkt so an die DM 350.000) verwendeten, "ja wie können Sie dann überhaupt richtig messen?" Ich konnte da nur antworten. "Das steht in unserem QSH!"

Jedes Jahr war die Akkreditierung zu erneuern, das kostete dann nur mehr an die DM 10.000,- an die Akkreditierungsstelle.

Eine Kostenreduktion kam dann vor allem dadurch zustande, dass die RegTP dazu vernünftigerweise nicht mehr jedesmal den ISO 9000-Spezialisten, sondern nur mehr den Fachgutachter schickte, mit dem wir jederzeit ein sehr gutes Verhältnis hatten.

Immerhin bis etwa 1998 ging alles gut. Das Labor florierte und es konnten in Spitzenzeiten bis zu 5 Mitarbeiter ernährt werden.

Das Ende der Story ISO 9000/EN 45001 kam rasch und schmerzvoll:
Die EU hatte durch die Richtlinie "R&TTE" beschlossen, alle Zulassungen abzuschaffen und das Wirtschaftsministerium hatte nichts Wichtigeres zu tun, als diese EU-Richtlinie in aller-größter Hast umzusetzen.

Im April 2000 war es dann so weit und kaum ein Kunde verirrte sich mehr in unser wohlakkreditiertes, qualitätsgesichertes und ISO 9000/EN45001-geprüftes Testlabor.

Uns verblieb dann noch, der EU sei Dank, drei Mitarbeiter zu entlassen. Unsere nichtstaatlichen Mitbewerber hatten dasselbe Problem, einer musste gar 12 Leute loswerden. Das Staatslabor-Personal mit seinen unkündbaren Beamten hatte das Problem nicht, die wurden ja, vorher wie nachher vom Steuerzahler finanziert und dann in die Regulierungsbehörde übernommen.

Eine von uns angestellte Berechnung ergab, dass dort mit einem Kostendeckungsgrad von etwa 25..30% gearbeitet worden war.

Für das Laborequipment und die Telefonnummer des staatlichen BZT-Labors hat ein großes deutsches Unternehmen, das sich sonst vornehmlich mit Dampfkessel- und KFZ-Prüfungen befasste und befasst, sogar noch 5 Mio.DM bezahlt. Dafür mussten sie eine größere Anzahl dafür extra abgestellter Beamter 5 Jahre lang weiterbeschäftigen.

Wir haben dann auch gleich unsere Akkreditierung der RegtP zurückgegeben und uns aus dem institutionellen System erleichtert verabschiedet.

Das führte bei der RegTP zu einiger Missstimmung, aber kaum ein halbes Jahr später löste sich auch die Akkreditierugsabteilung der RegTP auf! Es gab halt nix mehr zum Akkreditieren.

Zur Finanzierung: Das alles, was wir mit so großem personellen und finanziellen Aufwand aufgebaut hatten, konnten wir innerhalb der 5 Jahre Akkreditierung abbezahlen. Andere Konkurrenten hatten da ihre Probleme mit den vielen, nun völlig nutzlosen Spezial-Messautomaten, Preis siehe oben.

Heute fragt keiner mehr nach unserer Akkreditierung oder gar nach unserem QS ISO 9000.

Zusammenfassend kann man sagen, dass der Ausflug in der ISO 9000 und EN 45001 bzw. in die Qualitätssicherung an sich hochinteressant war, eine Menge neuer Erfahrungen gebracht hat, sehr viel der eigenen Zeit und des eigenen Geldes gekostet hat, aber für uns als TK-Prüflabor leider nur 5 Jahre wirtschaftlich haltbar war.

hk 7.03

Tipps für das Fachenglisch

Abschreckendes Beispiel

Geht einer in London in einen Laden von Vodafone und sagt: "I become a handy!", dann liegt der wohl ganz daneben (und der Verkäufer vor Lachen am Boden?) und wird wohl gewaltig (phonetisch) missverstanden werden:

to become (engl.) = werden
handicraft, handiman, auch kurz handi (engl.) = Handwerker

Richtiges Vokabel:

Das "Handy" ist ein deutscher Begriff, das Mobilfunkgerät heisst in den angloamerikanischen Welt "mobile phone" oder nur "mobile" oder "cellular phone" oder nur "cellular".

Noch ein paar weitere Proben gefällig?

"Weltbreite Spinnenwebe" (World Wide Web, www) ..nicht übersetzen
"Gesunder Controller"   (sound controller)
"Suchemotor"   (search engine)   Suchmaschine
"Taufbecken"   (font)   Schriftart

Wörterbücher, allgemein

Ein gutes Wörterbuch ist ein Muss, hier sollte man nicht sparen. Noch wichtiger ist eine aktuelle Ausgabe. Wenn man in das 20 Jahre alte "Schulwörterbuch" hineinsieht, wird man vieles gar nicht finden.

Auch Bedeutungen können sich gewaltig ändern. Während vor einiger Zeit mit "aids" Hilfskräfte gemeint waren, wird wohl heute niemand diesen Begriff mehr verwenden, um Missverständnisse zu vermeiden.

Also werfen Sie alles weg was älter als 5 Jahre ist. Auch ein englische Wortschatz ändert sich mit der Zeit.

Verwendung von Wörterbüchern

Gewiss guckt der Anfänger oft in das Wörterbuch, und da mag manchmal auch ganz was anderes, als korrekt ist, herauskommen. Deshalb ist gerade in dieser Phase ein kritischer Check des "Übersetzungsergebnisses" dringendst zu empfehlen.

Übersetzungsprogramme

Auch "Übersetzungsprogramme" gibt es, billige und teuere, für den PC und für Großrechner, man sollte deren "Output" aber immer kontrollieren, sonst kommt ganz was anderes, als gemeint ist heraus. Berühmte Beispiele:

Systran soll angeblich den Ausspruch von J.F. Kennedy "Ich bin ein Berliner" mit "I am a donut" übersetzt haben.

Ein anderes Programm versuchte sich an der Bibel: "Der Geist ist zwar willig, aber das Fleisch ist schwach". Heraus kam dann: "The steak was rather weak, but the whisky was excellent."

Der deutsche Bundespräsident Lübke soll ja auch "Equal it goes loose" gesagt haben (Jetzt gehts los). Und das zur englischen Königin! Daraufhin wurden ihm eine Menge weiterer "Übersetzungshits" angedichtet. Dazu sagt man auch "Germanismus".

Bekannt ist auch der Ausspruch des deutschen Ehepaares in Ricks Cafe im Film "Casablanca": "It is six watch!" (es ist sechs Uhr).

Englisches/Amerikanisches Lexikon

Ein sehr zu empfehlende Hilfe zur Vermeidung derartiger Heiterkeitserfolge ist die Anschaffung eines englischen und/oder amerikanischen Wörterbuchs, wie z.B. Websters New World Dictionary, The Oxford Dictionary of Current English o.ä., natürlich nur in der aktuellsten Ausgabe. Da steht zwar keine "Übersetzungsanleitung" drin, aber eine genaue Beschreibung des Begriffs (in der englischen Sprache).

Zur Kontrolle, wenn man etwas übersetzt hat, ist so ein Werk sehr wertvoll. Die Überraschung, wenn man etwas übersetzt hat und dann mit dieser Methode kontrolliert, ob das stimmt, ist oft riesengroß.

Fachlexika

Neben den allgemeinen Wörterbüchern gibt es zahlreiche Fachwörterbücher für bestimmte Spezialgebiete, also z.b. ein "Lexikon der Telekommunikation" oder ein "Wörterbuch Elektrotechnik und Elektronik" u.a. Auch hier gilt: immer die neueste Ausgabe benützen und auch nachfragen, ob es für das entsprechende Fach ein englischsprachiges Lexikon gibt.

Vokabelheft

Es ist sehr nützlich, sich das noch vom Schulunterricht her bekannte Utensil zuzulegen (ob in Papierform oder am PC) und darin auch die Wörter hinzuschreiben, die man noch nicht weiß, aber bei Gelegenheit dann ergänzt.

Gerade im Fachenglisch tauchen immer wieder neue Begriffe auf, die nicht im Wörterbuch stehen. Ist der Begriff geklärt, kann man ihn eintragen. Auch in dem Fall, in dem eine Übersetzung sinnlos wäre (Beispiel "Internet").

Auslandsaufenthalt

Ein Aufenthalt im fremden Land UND der Zwang, nur mehr die fremde Sprache sprechen zu müssen, ist aber unbezahlbar. Und man sollte dann vorher schon soviel verstehen, dass man sich eine Fahrkarte bestellen, ein Hotel buchen und im Restaurant ein Menu ordern kann.

Was ist das wichtigste Vokabel für den Reisenden (in jeder Sprache)?

Es sei hier ganz diskret verraten, dass es doch sehr wichtig ist zu wissen, was "Toilette" heißt und was auf den zwei Türen dieser Räume steht.

Die Lehre fremder Sprachen

Ein Fremdsprachenkurs ist immer gut und findet im europäischen Raum meist ausreichend Interessenten. Das im Gegensatz zu

Amerika, denn dort sagen viele "What is it good for? Wozu? Versteht doch ohnenhin jeder in der ganzen Welt Englisch!" Es gibt boshafte Menschen, die vermuten sogar, der Amerikaner hätte einen genetischen Defekt und könne deshalb keine Fremdsprachen lernen. Umso wichtiger ist es für alle außerhalb der USA, Englisch zu beherrschen und darin dem Ami überlegen zu sein.

In der Sprachschule

Ich meldete mich einmal für in einen Französischkurs an. Da sagte die Lehrperson in der ersten (Probe-)Stunde: "Hier lernen Sie Vokabel und Grammatik. Um sich im Urlaub zu verständigen, ist dieser Kurs nicht da!" worauf ich sofort wieder kehrtum machte und mir woanders einen Kurs suchte.

Also realitätsfremd sollte so ein Unterricht nicht sein, noch dazu, wenn man dafür bezahlen muss.

hk 8.7.03

Erfahrungen beim Telefonieren über Digitalnetze

1.

Über Digitalnetze telefonieren wir schon lange, wenngleich nicht immer vom Telefongerät des Anrufers ("A"-Teilnehmer) bis zum Telefon des Gerufenen ("B-Teilnehmer") durchgängig. Auf den Fernebenen gab es schon lange, neben der heute abgeschalteten analogen "Trägerfrequenztechnik" auch schon Digitalstrecken mit 2,048 Mbit/s Takt, wo 30 Sprachkanäle digital untergebracht werden konnten. Diese Geräte nannte man "Primärmultiplexer (PMx)". Zur Verbindung derselben wurden Koaxialkabel verwendet, gelegentlich auch Vierdrahtleitungen (dann ein Paar für jede Richtung) und wenn das System längere Strecken bedienen musste, war alle 1,6 km ein "Verstärker", besser "Repeater" bezeichnet, erforderlich. Eine sehr teure Technik. Die wurde auch "E1" genannt, im Gegensatz zum in USA weit verbreiteten "T1", das aber nur 1,5 Mbit/s und 24 Kanäle schaffte.

Dazu wurde des analoge, bandbegrenzte Signal eines Telefonkanals (300..3400 Hz, also 3,1 kHz breit) nach dem Gesetz von Shannon mit der mindesten doppelten Frequenz des höchsten Signals abgetastet; hier einigte man sich auf eine Abtastfrequenz von 8 kHz, was einer Abtastimpulsrate von 1,25 us entspricht. Voraussetzung, um das Analogsignal ohne Informations-Verlust weiter zu verarbeiten, war natürlich, dass dieses, wie oben beschrieben, bandbegrenzt war.

Sodann waren diese, noch (in der Amplitude) analogen Pulsproben zu quantifizieren. Sie wurden also amplitudenmäßig in Klassen eingeteilt (nicht gleichmäßig, sondern per "Kompandierungskennlinie") und dann wurde statt jeder Probe ein diesem analogen Wert entsprechendes Digitalsignal gesendet. Den gesamten Prozess bezeichnete man dann als "ADC", also Analog-Digital-Converter.

Das nun digitale Signal kann man nun deshalb gut übertragen, weil digitale Signale in sogenannten "Repeatern" leichter regenerier-bar sind (im Gegensatz zu analogen Signalen, die man hochwertig linear verstärken muss), wenn sie durch Verluste auf den Übertragungsstrecken - seien sie nun per Draht oder Funk - schwächer werden und Störgeräusche aufnehmen.

Am Ende der Übertragungsstrecke erfolgte dann das De-Multiplexen und entsprechend der "DAC", also der Digital-Analog-Converter, der das analoge Signal in jedem Kanal unter Berücksichtigung der vor der Übertragung erfolgten Kompandierung wieder herstellte.

2.

Diese Art der digitalen Übertragung teilte jeder Sprachverbindung einen eigenen Kanal zu, der Fachausdruck ist "Leitungsvermittlung": der Anrufer bekam für seinen Verbindungswunsch quasi eine eigene Leitung (in Wirklichkeit: einen eigenen Kanal) zugeteilt, der ihm während der Verbindung alleine zustand.

Über derartige leitungsvermittelte Verbindungen verfügte das ISDN (Integrated Services Digital Network); die wesentlichen Eigenschaften sind bekannt, wie z.B.:

- sehr gute Sprachqualität
- sofortiger Verbindungsaufbau nach der Wahl
- sofortiger Ruf des B-Teilnehmers
- im Verbindungszustand volle Transparenz für analoge Signale
- Echtzeitbetrieb und -Übertragung

3.

Schon lange vor der Einführung des ISDN gab es in Deutschland ein Datennetz "Datex-P" (nach CCITT X.25), das nach ganz anderen Prinzipien funktionierte.

Die Informationen (zu übertragende Daten) mussten hier nicht digitalisiert werden, sie lagen schon digital vor. Diese Daten wurden nun in einheitliche, genormte "Pakete" geteilt und verpackt, mit den Adressinformationen (Absender und Empfänger), Paketnummer sowie weiteren Steuerungs-Informationen versehen und in das Netz gesandt.

Da alle Datenstationen ständig am Netz waren und mithörten, konnten sie sich die für sie bestimmten Pakete, erkenntlich an der Adresse, herausholen, wieder in die richtige Reihenfolge bringen und der eigenen Verarbeitung zuführen. Wenn ein Paket im Netz einen längeren Weg hatte, machte das nichts, der Adressat wartete auf dieses Paket, bis es angekommen war. Ein "Echtzeit-Betrieb" war ja bei dieser Datenvermittlung von Paketen nicht erforderlich.

Dieses Prinzip nennt man "Paketvermittlung". Es hat den Vorteil, dass es ein weit vermaschtes Netz gut bedienen kann. Auch wenn ein Teil des Netzes ausfällt, besteht vielleicht ein anderer Weg oder Umweg und die Daten erreichen trotzdem den Adressaten. Ein klassischer Vertreter eines paketvermittelten Netzes ist das bekannte "Ethernet" (OSI-Schicht 1 und 2).

Eine Verbindung im Sinne eines ständig bereitgestellten Kanals (wie oben) gibt es hier nicht. Man spricht hier von einer "virtuellen" Verbindung bzw. von vielen virtuellen Verbindungen, aber auch, bezogen auf die Hardware, von "verbindungsloser" Kommunikation. Nur mit der Paketadresse und der Paketnummer bringt man wieder Ordnung in dieses "Datenchaos".

Weitere Merkmale dieses Netzes waren z.B. Fehlererkennung und Fehlerkorrektur (das Paket wurde solange gesendet, bis es richtig empfangen war). Die Fehlerquote war dadurch sehr niedrig; zumeist war sie unmessbar klein: fallweise somit auf Kosten der Übertragungsgeschwindigkeit. Die technischen Einrichtungen dieses paketvermittelten Netzes waren günstiger in der Anschaffung und im Betrieb als die der leitungsvermittelten Datennetze (z.B. Datex-L).

3.

Mit dem Fortschritt der Technik kamen Datenübertragungsverfahren mit hoher Übertragungskapazität und somit hoher Bitrate zur Anwendung, die unter Ausnutzung des Frequenzbandes oberhalb des Sprachbandes auf normalen analogen Leitungen - wenn auch mit Einschränkungen in der Reichweite, verglichen zur analogen Telefonübertragung - eingesetzt wurden. Bekannt ist das Verfahren der "Digital Subscriber Loop (DSL)".

Datenübertragungen zum Anschluss an das Internet arbeiteten eben-falls mit dem oben unter 2. beschriebenen paketvermittelten Verfahren, mit den bekannten Vor- und Nachteilen. Das verwendete Protokoll ist dabei "TCP-IP".(TCP: Transport Control Protocol, OSI-Schicht 4, IP: Internet Protocol, OSI-Schicht 3 - die Verrmittlungsschicht).

4.

Möchte man nun in einem digitalen, paketvermittelten Datennetz Sprache übertragen, müssen mehrere technische Probleme gelöst werden. Dieses Netz ist ja primär nicht für Sprachübertragung bestimmt. Die Digitalisierung/Quantisierung der Sprache ist dabei nicht das Problem. Wie das geht, ist oben unter 1. beschrieben. Das Problem liegt in der zeitlich ggf. "ungeordneten" Übertragung.

Sprache ist eine Echtzeit-Kommunikation. Wenn das Netz nicht zur Echtzeit-Übertragung geeignet ist, muss man sich überlegen, wie man - wenn man es trotzdem macht - den Fehler der Übertragung beim Empfänger des Sprachsignals möglichst klein halten kann. Die wichtigste Maßnahme ist also die Verwendung einer ausreichenden hohen Bandbreite bzw. einer hohen Übertragungsgeschwindigkeit und dann ein möglichst nicht voll ausgelasteten Netz. Dann ist die Wahrscheinlichkeit gering, dass die Pakete unterschiedliche oder für den Benutzer noch merkbare Laufzeiten haben oder gar verloren gehen.

5.

Eine weitere Möglichkeit ist die Schaffung eines gegenüber dem Datenübertragungsmodus priorisierten Kanals, in dem die Sprache übertragen wird. Das geht natürlich nur, wenn entsprechend hohe Datenraten zur Verfügung stehen. Man kann dann einen oder mehrere, priorisierte Kanäle schaffen, aber wenn alle Teilnehmer dieses Netzes (Motto: Ich bin auch ein Chef!) Priorität haben wollen, ist bald die Grenze der Übertragungsstrecke erreicht.

6.

Ich habe selber zwei private Anschlüsse, daran gibt es weder einen analogen TAE-Anschluss noch einen ISDN-NTBA, sondern nur einen Router (z.B. Fritz-Box), mit der man auch über das Internet (VOIP)-telefonieren kann. Dazu hat dieser Router sogar 1-2 analoge Anschlüsse, daran man zwei normale analoge Endgeräte, z.b. Telefone, anstecken kann. Einfacher geht es schon nicht mehr.

Erfahrungsbericht:

- Ich hebe der Telefonhörer ab: ein grausames Geräusch ist zu hören, ich lege schnell wieder auf.
Ich versuche es noch einmal: siehe an, ein klarer Wählton ist zu hören, jetzt erst kann ich wählen.

- Die Verbindung kommt offenbar zustande, aber ein starkes Echo, Aussetzer und Verzerrungen behindern die Verständigung. Ich lege auf, versuche es noch einmal, endlich klappt die Telefonverbindung ohne Nebengeräusch.

- Nach Ende meiner Wahl warte ich unerträglich lange, bis endlich der Freiton zu hören ist.

Vergleich zu ISDN: da war nach dem Loslassen der Taste mit Wahl der letzten Ziffer sofort der Freiton und die Verbindung da. Manchmal ist der Freiton auch bei der VOIP-Verbindung schnell da, dann weiß ich, der Angerufene ist beim selben Netzbetreiber!

- Nach Ende der Wahl kommt die Ansage: "Lieber (Netzbetreiber)-Kunde, diese Rufnummer ist nicht vergeben!" Ich bin mir sicher, richtig getippt zu haben und auch nach Betätigen der Wahlwiederholtaste kommt dieselbe Nummer, nun klappt es.

- Diese Mängel hier nur beispielhaft, ohne Anspruch auf Vollständigkeit.

Eine Telefonverbindung hat zwei technische Erfordernisse: der Verbindungsaufbau ("Switching" oder "Routing") muß klappen, und wenn dieser funktioniert hat, muß die Sprach- (oder Fax-)-Übertragung ("Transmission") tadellos sein. Wie oben dargestellt, hapert es damit beim derzeitigen VOIP-Betrieb doch sehr.

Wie oben erläutert, können diese Probleme nur durch jederzeit ausreichende Übertragungskapazität (in Mbit/s) gelöst werden. Und die steht halt im IP-Netz derzeit offenbar nicht immer zur Verfügung.

hk 03-14

Der Start ins Internet

Es war so um 1982 herum, da machte die Bundespost großen Wirbel mit "Bildschirmtext (Btx)". Angefangen hatten damit die Engländer (Prestel), auch die Franzosen folgten mit dem "Minitel" und andere Länder hatten auch mehr oder weniger große Inseln mit Datennetzen und optischem Output am Bildschirm, meist nur Text, daher der Name "Bildschirmtext", anderswo auch "Videotext" genannt.

In Düsseldorf gab es da einen "Feldversuch" und wer wollte, konnte sich dort (auch aus München z.B.) anmelden. Das taten wir und bekamen auch gleich Kennung und Passwort, so wie heute auch. Allerdings kosteten diese Berechtigungen monatlich etwas Geld, aber die Geräte zur Ein- und Ausgabe so um die 6 bis 10.000 DM, das wollten wir nicht investieren.

Um trotzdem "online" zu sein, machten wir mit der Elektroinnung München aus, dass wir deren Gerätschaften zur Eingabe von etwa 10 eigenen BTx-Seiten im System Düsseldorf benutzen durften, denn wir wollten unbedingt dabei mitmachen.

Das Eingeben und Editieren der Seiten ging dort nur "online", mit der Konsequenz, dass unsere (bescheidene) Eingabe so an die 60 DM Verbindungskosten verursachte. Damals ging ja alles noch über das (analoge) Telefonnetz, mit Modems ab 300 bit/s (!), die kosteten pro Monat DM 300 an Miete. An Mietleitungen und IDSN war noch nicht zu denken.

Als dann nach Ende des Feldversuches der "Btx-Dienst" feierlich eröffnet wurde, gab es auch das offizielle und zugelassene Modem für die Teilnehmer, gratis, es nannte sich "D-BT02", "D-BT-03", später gab es dann auch ein "D-BT04". Im Download konnte es 1200 bit/s, im Upload 25 bit/s und hatte zu Bildschirm und Tastatur hin eine Geräteschnittstelle mit dem deutschen DIN-Stecker. Auch kamen schön langsam auch Geräte auf den Markt, damals noch nach einer endlosen Zulassungsprozedur, immer noch viele TDM teuer.

Ein interessantes Thema in dieser Zeit war die Verknüpfung der Zulassung mit der Hardware. Es gab zwar schon Bestrebungen, den "Btx-Decoder" per Software zu realisieren, aber diese musste in Hardware (änderungssicheres EPROM mindestens) abgelegt sein und durfte nicht bloß auf Diskette (damals 5 1/4"-Typen) mitge-liefert werden.

Zuvor gab es noch eine Änderung des Abbildungsstandards, "Prestel" mit seiner Klötzchengrafik wurde durch "CEPT" ersetzt, das war etwas besser. Alle bisher betriebenen Geräte waren mit der Umstellung nicht mehr verwendbar, alle mussten jetzt CEPT können.

Und unsere Seiten in Btx? Da war die Bundespost großartig, sie hat unsere Seiten KOSTENFREI auf CEPT umgestellt!

So um 1985/86 herum hatte die Firma RAFI eine gute Idee: bisher hatten die bloß Tasten und Tastaturen hergestellt. Nun gab es eine Tastatur mit "Mehrwert", nämlich einem eingebauten Btx-Decoder, also einen "Btx-Tastaturdecoder" um etwa DM 1500. Das war zwar keine vollständige Btx-Station, aber an diese Tastatur konnte man einen Fernseher und das Modem DBT03 anschließen. Und schon war man online!

Dieses Produkt hat die Komfortgerätehersteller recht geärgert, ihnen aber nicht geholfen.

Wir nahmen im Januar 1987 diese "Btx-Station" erfolgreich in Bonn in Betrieb. Wieso Bonn? Dort hatte ich ein Jahr zu tun und da war es praktisch, sein Bank-Konto "aus der Ferne" einzusehen und zu führen oder Informationen von anderen Firmen, die sich auch ins Btx-System getraut hatten, aufzustöbern. Und natürlich erfreuten uns unsere eigenen Btx-Seiten im System.

Interessant war die Speicherung von Btx-Seiten, damals durchaus üblich, sie (analog) mit einem Kassettenrecorder auf eine übliche, sonst für Musik etc. verwendete CompactCassette zu speichern. Es war halt alles viel langsamer, aber für die Btx-Inhalte = Text und nur wenig Grafik reichte es aus. Der Seitenaufbau war dank des bescheidenen Inhalts (verglichen zum heutigen Internet) auch ausreichend schnell und das speicherbe-dürftige WINDOWS noch in weiter Ferne.

Wenn man dann auf eine Messe und zum Bundespost-Stand kam, zwitscherte das Standmädchen "Darf ich Ihnen Btx vorführen?" Ich konterte mit: "Darf ich Ihnen meine Btx-Seiten zeigen?", was immer zu einem großen Gekicher führte, denn früher zeigte man seinem Mädchen üblicherweise ja die Briefmarkensammlung...

Mit dem Tastaturdecoder ging es ja ganz gut weiter, aber der Btx-Softwaredecoder war natürlich nicht aufzuhalten. Auch wurde der Zugang zum Btx-System sukzessive verbessert, so um 1988 fiel auch das Modem-Monopol der Bundespost, und neben dem DBT03 mit 1200/25 bit/s waren auf einmal 1200/1200 bit/s und dann 2400/2400 bit/s usw. möglich.

Mit der Einführung des ISDN in 1989 sollte eigentlich alles schneller werden, aber auch hier wurde das zuvor schon beschriebene Spielchen mit den Geräten betrieben: der deutsche Standard des ISDN, 1TR6, musste durch den europäischen Standard ersetzt werden, was wieder zu umfangreichen Geräteauswechslungen führen sollte. Aber die Bundespost, heute Telekom, stellte den "1TR6"-Anschluß noch viele Jahre ihren Kunden zur Verfügung, sodass erst allmählich zum heutigen EU-Standard migriert wurde.

Ein Bundespostler empfahl mir damals: "Probieren Sie ISDN mit Btx, das ist toll, Sie werden überrascht sein!" und das war es auch, mit einer ISDN-Steckkarte im PC war Btx mit seinen 64 kbit/s (oder zur doppelten Gebühr mit 128 kbit/s) sehr schnell. Das nützten natürlich die Seitendesigner sofort, um ungeheure Grafikdateien in den Btx-Seiten unterzubringen, wodurch alle wieder viel langsamer und die Modem-User ausgegrenzt wurden.

Nun konnte die Decodertastatur in den Ruhestand geschickt werden.
Von der Bundespost, später Telekom, kamen nun in regelmäßigen Abständen Disketten, später CDs, mit dem Zugangsprogramm "T-Online", jeweils neueste Version.

Groß war die Überraschung, als da eines Tages im T-Online-Hauptmenü neue Icons zum Anklicken auftauchten, "Internet" und "email". Ja und so schlitterten wir mit der Telekom ins "Netz", ganz unspektakulär, aber es war schön, schon von Anfang an dabei gewesen zu sein. Unsere Btx-Seiten konnten wir diesmal zwar nicht mitnehmen, aber das war nicht notwendig, es gab ja jetzt viel mehr neue und komfortable Möglichkeiten der Seiten-darstellung.

Bei der neuen email war bei der Telekom/T-Online nun eine Adresse zu wählen, kropp.de ging nicht, diese Adresse hatte sich schon die Stadt Kropp in Schleswig-Holstein reserviert.

Ich beantragte hkropp.de, ohne Punkt nach h, das war in Ordnung und wurde eingetragen.

Sofort meldete sich bei mir telefonisch ein Heiko Kropp, der war erbost über hkropp.de, die wollte nämlich er. Den habe ich abschlägig beschieden, die Adresse gefiel mir, warum sollte ich sie hergeben.

Als Rache trug dieser Schlawiner nun "hkropp (at) t-online.de" bei allen nur erreichbaren Sexdiensten ein (das war damals noch ohne Rück-Kontrolle möglich), die mich mit unanständigen Mails (z.B. Angebot: "Wir pumpen alles aus Dir heraus!") nur so überschütteten. Jeden Tag in der Früh war daher eine "Säuberung" des Briefkastens angesagt, lesen musste man sie gar nicht, schon aus der Adresse und Anrede war alles erkenntlich.

Es gab zwar damals schon vereinzelt die Möglichkeit, diese regelmäßigen Sendungen per Mausklick abzubestellen. Davor hatte man mich aber gewarnt: dieses Anklicken würde dem "Anbieter" signalisieren, dass man seine Mail erhalten habe, also würde er weiter-hin Sex-emails senden.

Später dann beklagten sich diese Mailproduzenten, ich würde ihre Dienste ja überhaupt nicht in Anspruch nehmen... Es dauerte etwa 5-7 Jahre, bis sie endlich die Lust an diesen Müllsendungen an mich verloren hatten.

k/s 07.05

Über den Internetzugang

Es gibt grundsätzlich verschiedene Möglichkeiten des Internetzugangs.

Allgemein gilt, dass im Gegensatz zum Telefonieren man für den Internetzugang keine eigene Rufnummer und keine besondere Leitung braucht.

Für den Zugang zu besonderen Diensten, wie z.B. email, die auch den Mailempfang enthalten, ist dagegen i.a. eine Kennung und ein Passwort erforderlich. Diese können dann nach Aufruf des Dienstes im Internet aber von jedem Internetzugang aus eingegeben werden.

Internetcafe

Man kann in den nächsten "Internetshop", auch "Internetcafe" genannt, gehen. Man braucht dazu keinerlei Geräte etc., dort wird dem Kunden üblicherweise ein Platz mit einem PC mit ständiger Internetverbindung zur Verfügung gestellt. Die Nutzung des Internets wird dann zeitabhängig berechnet, man kann auch mehrere Stunden in so einem Cafe verbringen. Es stehen dem Benutzer auch Drucker, Scanner, Kopfhörer etc. zur Verfügung. Zwecks längeren Aufenthalts wird auch Gastronomisches in so einem Internet-Cafe angeboten.

Nachteilig ist bloß, dass man dazu außer Haus gehen muss.

Beispiel: Das Internetcafe am Helene-Mayer-Ring 10 hier in der Nähe verlangt EUR 1,50 pro Stunde, Abrechnung je halbe Stunde zu EUR 0,75, sechs PC-Plätze sind vorhanden. Das Internetcafe ist an 7 Tagen in der Woche von 10-21 Uhr geöffnet.

Wireless LAN

Ferner kann man sich mit seinem PC/Laptop etc. in einen sogen. "Wireless LAN" (WLAN) mit dem Internet verbinden. Das setzt voraus, dass ein entsprechender Anbieter in der Nähe des gewünschten Standorts ist und sein WLAN-Netz (ggf. gegen Gebühr) zur Verfügung stellt.

Davon zu unterscheiden sind die üblichen Mobilfunknetze, die man nur mit einem Vertrag oder einer Prepaidkarte benutzen kann.

Bekannt sind z.B. die HotSpots der Telekom in Bahnhöfen, in der Lounge oder im ICE.

Kennzeichnend ist: keine Vertragslaufzeit, kein monatlicher Grundpreis, Zahlung z.B. mit Kreditkarte.

Beispiel: Ein HotSpot Pass der DB für 1 Tag kostet EUR 4,95, für 1 Woche EUR 19,95, für 1 Monat EUR 29,95

DB bietet in 120 Bahnhöfen gratis WLAN für 30 Minuten an.

DSL-Anschluß

DSL = Digital Subscriber Line, digitaler Teilnehmeranschluß. Man kann bei einem Internetprovider eine Leitung im Festnetz, z.B. mit DSL-Router mieten und daran den eigenen PC anschliessen. Das ist die zumeist im Büro oder zu Hause genutzte Variante.

Eine Telefonleitung ist dazu nicht nötig, viele Provider bieten bereits Telefonieren über das Internet (VOIP = Voice over IP) an.

Üblich sind DSL-Pauschaltarife fürs Internet ("DSL-Flatrates"). Per "Flatrate" zahlt man nie mehr als die Pauschale. Egal wie lange man im Internet ist oder wie viele Daten man überträgt.

Zu beachten ist lediglich die Datenmenge, die oft per Vertrag begrenzt wird. Darüber hinausgehende Daten können dann zumeist nur mit geringerer Geschwindigkeit übertragen werden.

Kabel-TV-Anschluss

Es gibt auch den Zugang über Kabel-TV. Wenn man also zu Hause einen Fernsehanschluss über Kabel hat, kann man ein Kabelmodem zusätzlich anschließen und darüber den Zugang zum Internet herstellen, vorausgesetzt, der Kabel-Betreiber bietet diese Möglichkeit - gegen entsprechende Bezahlung - an.

Auch bei dieser Art des Internetzugangs ist weder Telefonnummer noch eigene Telekom-Leitung erforderlich.

Satellit

Internet per Satellit funktioniert an jedem Ort, aber i.a. nicht unterwegs.

Man braucht eine Satellitenschüssel mit richtiger Ausrichtung und eine Sat-Karte für den PC oder ein Sat-Modem. Der Datenversand ins Internet (Rückkanal) erfolgt über eine zusätzliche ISDN/Modem-Verbindung oder auch per Satellit.

Mobilfunk

Eine weitere Alternative zu DSL ist Internet per Mobilfunk. Der Internetzugang für Computer per UMTS funktioniert nicht nur zu

Hause, sondern auch unterwegs. Allerdings ist UMTS nicht in jedem Ort verfügbar.

Verschiedene Geschwindigkeiten stehen zur Wahl: 2000kbps (Anmerkung: ist gleich 2 Mbps) reichen für normale Nutzung, schnellere Anschlüsse eignen sich für Filmabrufe oder wenn mehrere Personen denselben Anschluss zur gleichen Zeit nutzen.

Für die Betrachtung dieser Variante spricht auch, dass viele Internetnutzer schon seit geraumer Zeit gar keinen DSL-Festnetzanschluss mehr haben.

Dazu schreibt die Zeitschrift Telekom Handel Nr.19/14 S.38:

"..das Festnetz, welches in vielen jungen Haushalten in der Bedeutungslosigkeit angekommen ist...In Zeiten der Flats ruft man im Consumer Markt mobil an..."

Meine eigenen Versuche mit einem Internet-Stick von Vodafone an verschiedenen Standorten, u.a. in München und auch in Schwaben, haben stets ein sofortiges Einbuchen ins Netz und gute Übertragungsgeschwindigkeiten gezeigt. Die Kosten waren gering: Stick plus Berechtigungskarte (in den Stick einzulegen), Gültigkeit ein Monat, war um die 30 EUR.

Man kann auch schon vorher einfach prüfen, ob so ein Internetanschluss über die Handynetze funktionieren wird. Die Netzbetreiber sagen: "Wenn das Handy an dem gewünschten Ort funktioniert, dann ist dort auch Datenverkehr/Internetzugang möglich."

Bei einem im Laden gekauften USB-Stick samt Prepaid-Karte ist jedoch zu beachten, dass die Karte erst aktiviert (freigeschaltet) werden muss, was jedoch per Telefonanruf bei der Servicehotline sofort erledigt werden kann.

Fällt z.B. der DSL-Anschluss aus irgend welchen Gründen aus, ist ein kurzfristiger Ersatz des ursprünglichen und nun weggefallenen Internet-Zugangs ist somit ohne hohe Mehrkosten möglich. Einen Zuschlag für rasche Bereitstellung gibts hier nicht.

k/s 10/14

Elektronischer Lebensnachweis

Viel konnte man in den Gazetten lesen über den Wunsch von Seniorinnen und Senioren, selbständig wohnen zu bleiben anstatt in ein Heim zu gehen. Dieser Wunsch geht gut, solange Bewohnerin oder Bewohner gesund und wohlauf sind.

Bei gesundheitlichen Problemen wird eine mehr oder weniger intensive Betreuung durch externe Personen nötig. Nun mögen die nicht ständig präsent sein, sondern nur bei Bedarf.

Diesen Bedarf nach Betreuung kann z.B. per Telefon, Handy, oder mit einem "Funkfinger" (ständig umgehängt zu tragen) signalisiert werden.

"Technische Assistenzsysteme" sollen also unterstützend eingesetzt werden. Es gibt schon Blutdruckmessgeräte und Personenwaagen, die die Daten an einen Betreuer senden und auch fernabfragbar sind, aber auch der Zustand von Fenstern und Türen kann per Kontakt in die automatische Assistenz eingebracht werden.

Noch am Anfang stehen Versuche, mit Gassensoren für bis zu 100 Parameter die Luft in der Wohnung zu erfassen (und zu bewerten), oder "Pflegeroboter".

Es soll hier eine weitere Möglichkeit beschrieben werden, der betreuenden Person automatisch mitzuteilen, dass alles in Ordnung ist. Diese hat ein Hersteller 2012 im Arbeitskreis Wirtschaft bei den niederösterreichischen Auslandsösterreichern erläutert.

Hergestellt werden Haushaltsarmaturen, also Wasserhähne für das Waschbecken und die Spüle, aber auch Armaturen für Bad, Dusche, WC und Urinal. Das Besondere daran ist, dass sie berührungslos funktionieren. Also: nähert man sich mit den Händen dem Waschbecken, läuft das Wasser automatisch ein, entfernen sich die Hände, hört es wieder auf. Das gleiche gilt für die Spüle, das Bad oder das WC bzw. ggf. ein Urinal. Elektrische Sensoren machen das möglich.

Das Vergessen des Abdrehens des Wasserhahns ist dabei also nicht mehr gegeben, auch wird bei dieser automatischen Bedienweise Wasser gespart.

Diese Armaturen sind bekannt, man trifft sie z.B. in öffentlichen WCs oder in Hotels etc.

Der Mehrwert im Seniorenhaushalt kommt nun dadurch zustande, dass alle diese Armaturen elektrisch mit einer "Zentrale" im Haushalt verbunden sind, die alle diese Betätigungen elektrisch sammelt und daraus eine intelligente Aussage macht: Die Seniorin oder der Senior macht sich Tee, duscht sich, benützt das WC und verrichtet seine üblichen "Geschäfte" und muss daher "leben" und auch gesund sein.

Das Ergebnis, die "Lebensbestätigung", kann dann als SMS oder Festnetztelegramm per Modem o.ä. oder per automatischer Sprachnachricht (auch in Fremdsprache!) an die betreuende Person weiter geleitet werden.

Fällt diese Bestätigung aus, kann die betreuende Person anrufen oder gleich nachsehen, was denn los ist. Unnötige Besuche werden gespart. Die Kosten für derartige technische Assistenzen sind allerdings nicht gering, eine Gegenrechnung zum gesparten Personalaufwand ist also aufzumachen.

hk 12-12

Nostalgische technische Begriffe der Telekommunikation
----
auf ins Museum
(als die Telekommunikation noch "Schwachstromtechnik" hieß)

Thema: Stromversorgung

Allstromempfänger

Nach 1945 gab es immer noch Stadtteile, die an ein Gleichstromnetz angeschlossen waren, also an 220V Gleichstrom.

Deren technische Basis waren gewaltige Bleibatterieanlagen. Diese hatten einen besonderen Vorteil: Sie konnten jederzeit Strom liefern und brauchten - zumindest eine bestimmte Zeit lang - kein Kraftwerk. Das war auch in Kriegszeiten von Vorteil. Ferner wurden die Batterien nur zu bestimmten Zeiten (z.B. nachts, wenn nur wenig Strom gebraucht wurde und somit der Strom günstig war) geladen. Das erkannte man dann beim Radioempfang an dem erhöhten Brumm-Anteil.

Deshalb waren die meisten Radioapparate als "Allstromempfänger" ausgeführt, konnten also sowohl am Wechselstromnetz 220 V wie auch am Gleichstromnetz 220 V betrieben werden. Wenn nun so ein Allstromradio am Gleichstromnetz unerwartet nicht spielte und nicht funktionierte, war die Lösung einfach: Stecker aus der Steckdose herausziehen und verkehrt wieder hineinstecken.

Der Grund war, dass zumeist Einweggleichrichter in Form einer Röhren-Diode verwendet wurden, Vollweggleichrichter wären da zu teuer gewesen. Diese Röhrendiode funktionierte aber nur, wenn sie korrekt beheizt wurde, daher hatten damals alle Röhrenradios eine längere Anheizzeit, bis sie spielten. Geheizt wurden alle Röhren eines Radioapparates in Allstromausführung dann, indem alle Heizfäden der Röhren hintereinandergeschaltet wurden und direkt an der Netzspannung lagen. Allstromradio-Röhren hatten daher hochohmige Heizfäden und man erkannte sie an der Bezeichnung, z.B. mit einem Buchstaben "U" an erster Stelle, so wie UCH 21, UF 21, UL 21, UY 21.

Diese Allstromausführung eines Radios war jedoch nicht ganz ungefährlich. An ein Radio war eine Antenne und ggf. auch eine Erde über eine Bananensteckerbuchse anzuschließen, und auf deren Geräteinnenseite war meist nur ein Kondensator als Schutz vor der Netzspannung vorhanden.

Hinzuzufügen wäre noch, dass Radios damals nur Mittelwelle, eventuell auch Langwelle und Kurzwelle empfangen konnten, UKW kam erst viel später. Dafür hatten aber fast alle Radios einen "Tonabnehmeranschluss" zu Anschließen eines "Plattenspielers".

Es gab zwar damals auch schon "Trockengleichrichter", also Halbleiterbauelemente mit größeren Selenplatten, die waren aber nur für niedrige Spannungen, z.B. für 12V-Akkulader geeignet. Erst später kamen dann kompaktere flache Gleichrichter, auch in Vollwegausführung (genannt " Grätz-Schaltung") für 250 Volt auf den Markt.

Selengleichrichter waren "berüchtigt", gaben sie doch bei Überlastung oder Kurzschluss auf der Gleichspannungsseite einen infernalischen Gestank von sich.

Röhrenheizung

Elektronenröhren müssen, damit sie funktionieren, geheizt werden. Dazu ist ein "Heizfaden" in der Röhre vorgesehen. Das Elektronen emittierende Material (Getter) kann man nun direkt auf den Heizfaden aufbringen (sogenannte direkt geheizte Röhren, erkennbar am Buchstaben, z.B. sogen. "Batterieröhren" DCH 21 für 1,5 V Gleichspannungsheizung - vgl. die Spannung einer Monozelle 1,5V). Damit es nicht brummte, mussten direkt geheizte Röhren mit Gleichspannung geheizt werden.

Indirekt geheizte Rühren hatten den Getter auf einer vom Heizfaden isoliert angebrachten, den Heizfaden umschließende Elektrode, der Kathode, und konnten mit Wechselstrom geheizt werden. Für Heizung aus einem Transformator waren die "Wechselstromröhren" bestimmt, Buchstabe z.B. "ECH..", diese mussten an 6,3 V geheizt werden.

Anodenbatterie

Als die Batterieröhren entwickelt waren, war die Freude groß, nun konnte man das tragbare Radio mitnehmen, z.B. in die Natur, oder man konnte im Schwimmbad Radio hören. Leider brauchten die Röhren eine relativ hohe Betriebsspannung, um gut zu funktionieren, so an die 75 V "Anodenspannung" waren angesagt. Während die ersten Anodenbatterien aus 1,5-V-Batterie-Zellen aufgebaut waren (so an die 50 Stück in Serie geschaltet, vergossen, mit den entsprechenden Anschlussklemmen und entsprechend voluminös und teuer), kamen bald kompaktere 75V-Batterien auf den Markt, ähnlich aufgebaut wie die 9V-Blockbatterien, die auch heute noch üblich sind.

Anodenbatterien waren schwer, unhandlich und sehr teuer und wenn man sie benützen wollte, waren sie dann leer und es musste Ersatz beim Radiohändler gekauft werden.

Zerhacker

Es gab eine Alternative zu den Anodenbatterien, die schon in den Wehrmachtsgeräten des 2.Weltkriegs verwendet wurde. Diese Geräte waren für Röhren mit 2,4 V Heizung bestimmt und das entsprach zwei Stück in Serie geschalteten Nickel-Eisen-Batterien (NIFE) zu je 1,2 V, die mit Kalilauge gefüllt werden mussten.

An derselben Spannung wurde dann eine "Zerhackerpatrone" angeschlossen. Diese funktionierte wie ein "Gleichstromsummer", also er "summte" sofort beim Anschluss an 2,4 V. Er hatte aber zusätzlichen Kontakte, die die Batteriespannung von 2,4 V "zerhackten" (ein- und ausschalteten, also aus Gleichspannung eine Art Wechselspannung erzeugten), die dann mit einem Transformator auf etwa 100 Volt und mehr hochgespannt werden konnte.

Der bekannteste Zerhacker war der Wehrmachtstyp "WGL 2,4a", der hatte noch ein zusätzliches, intelligentes Kontaktpaar, angetrieben vom gleichen Summer, das auch gleich synchron die Gleichrichtung der erzeugten Wechselspannung besorgte und so die Gleichrichterröhre ersparte. Auf die Entstörung der dabei erzeigten Neben- und Oberwellen war jedoch zu achten.

Eurosignal

Wenn man in den 80er Jahren sein UKW-Radio einschaltete und dann "ganz nach links" drehte (also zur tiefsten UKW-Band-Frequenz), konnte man (neben dem zum Abhören nicht gestatteten Polizeifunk) immer ein Dauer-Tonsignal hören, das in unregelmäßigen Abständen in der Tonhöhe kurzzeitig moduliert wurde.

Das war der "Eurosignalsender", ein überregional zu hörendes Signal zum Zwecke des Personenrufes.

Um an diesem Dienst teilzunehmen, musste man sich einen besonderen zugelassenen, einem kleinen tragbaren UKW-Empfänger kaufen, nach Bezahlung der Gebühr wurde er vom Funkdienst der Bundespost auf den zugeteilten Rufcode eingestellt.

Es gab dazu verschiedene Versionen, mit einem oder mehreren (vorher zu vereinbarenden) Nachrichtenmöglichkeiten, mit Ton- und Lichtsignal.

Ausgelöst wurde der Ruf über das Telefonnetz. Nach Wahl einer bestimmten Rufnummer sandte der Eurosignalsender den Code des zugehörigen Empfängers aus, der damit gerufen wurde.

Eine Sprech- oder Gegensprechmöglichkeit war damit nicht verbunden.

Teletex

Teletex war ein eigenes Netz der Bundespost, so um 1985 herum eingeführt, das zum "Bürofernschreiben" gedacht war.

Telex ("Fernschreiben") gab es zwar schon seit geraumer Zeit, aber da war der Wunsch nach einem komfortableren Dienst, mit elektronischer Speicher- und Korrekturmöglichkeit und einer Schreibmaschine statt einem Telex- (Fernschreiber-) Gerät.

Eine derartige Teletexstation bestand dann aus einem eigens dafür entwickelten Endgerät "Elektronische Schreibmaschine mit integriertem Drucker".

Der dazugehörende Telekommunikations-Anschluss (Teletex-Anschluss war ein besonderer Anschluss im leitungsvermittelten DATEX-L-Netz für eine Übertragungsgeschwindigkeit von 2400 bit/s.

Zu jeder Teletex-Maschine gehörte demnach auch ein Anschlussgerät für dieses Netz. Gegenüber einem Telexgerät war die Übertragung geräuschlos und wesentlich schneller.

Da es jedoch nicht viele Postverwaltungen gab, die diesen Dienst anboten, und man dazu ein neues, teueres Endgerät beschaffen musste, war die Verbreitung des Teletexdienstes nicht sehr groß - heute kennt niemand mehr diese "Bürofernschreiber", im Gegensatz zum Uraltdienst Telex, der auch heute noch, selbst in unterentwickelten Ländern, immer noch zur Verfügung steht.

k/s 11/09

Sabotage einer Klingel- und Türsprechanlage

Da kommen schon Sachen vor in großen Wohnanlagen; das hier betroffene Haus hat 300 Wohnungen, jede Wohnung hat eine Tür- und Torklingelsignalisierung sowie eine Torsprechanlage. Ist wer an der Tür, klingelt es, ist jemand an der Haustüre, brummt ein Summer.

Eines Tages ist alles hin: keine Klingel geht mehr, die Sprechanlage ist kaputt, der Torlautsprecher ist zerfetzt.

Der Verwalter lässt reparieren, so an die EUR 400 kostet ein neuer Verstärker, zuzüglich die Teile und Arbeit.

Nach einer Woche derselbe Schaden, Verstärker kaputt, Lautsprecher zerstört, nochmals Reparatur. Nun versucht man sich in der Nachforschung nach der Schadensursache: Netzüberspannung, Blitzschlag oder so was könnte es sein.

Recht rasch wird klar: das alles war es nicht. Jemand muss die Netzspannung direkt auf die Leitungen der Klingel- und Sprechanlage gelegt haben. Wahrscheinlich glaubte er, er werde mit der Sprechanlage abgehört. Oder ihn störte nur die Klingel bzw. der Summer. Nur wer ist der Täter?

Die Sprechanlagenleitungen verlaufen parallel in alle 2 x 150 Wohnungen. Man könnte nun der Reihe nach diese Leitungen auftrennen, sektorieren und warten, bis irgendwo ein Anzeichen für die Zerstörung wieder auftritt, dann den Verursacher stellen. Den Aufwand zahlt niemand.

Der Verwalter tritt an uns heran, was könnte man tun? Der Vorschlag unserseits: eine Schutzschaltung im Keller, knapp vor dem Verstärkereingang, entwickeln und montieren. Man ist skeptisch, aber wir bekommen grünes Licht für "Terrorabwehr".

Die dann aufgebaute Schutz-Schaltung kann wie folgt beschrieben werden:

- Fein-Sicherung vor dem Verstärker in Serie,
  leicht auswechselbar
  Ein Paket Feinsicherungen erhält der Hausmeister
- parallel zum Verstärkereingang passende Transzorbdioden
- Hochstrom-Gasableiter vor der Sicherung gegen Erde
  Zündspannung 70 Volt
- auf allen vier Anschlußleitungen
- dazu ein solider Erdanschluß zur Schutzschaltung.

Das ganze wird dann vierfach für jede Leitung ausgeführt.

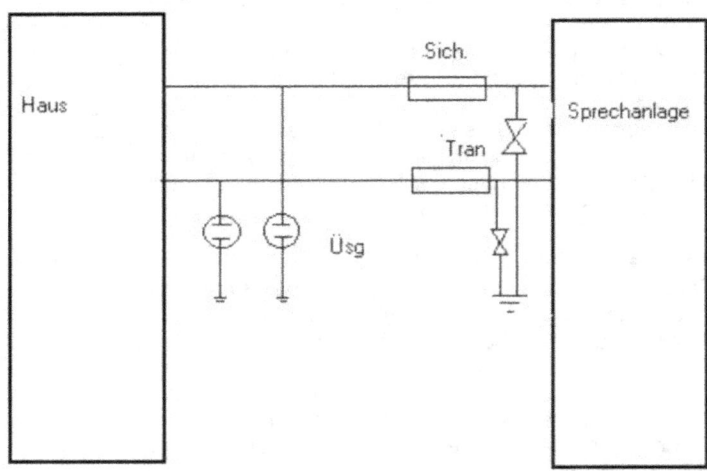

Im Betriebszustand der Sprechanlage ist die Schutzschaltung im Ruhezustand. Die im normalen Betriebszustand auftretenden Spannungen an der Schutzschaltung lassen diese kalt, die Schutzschaltung ist für sie seriell niederohmig und parallel hochohmig.

Die geplante Funktion: kommt eine zu hohe Spannung an den Verstärkereingang, spricht zuerst die Transzorbdiode an, begrenzt die Spannung am Verstärkereingang und ein hoher Strom schmilzt sodann die Feinsicherung ab. Nun ist der Verstärker von der zerstörenden Eingangsspannung automatisch getrennt, am nun hochohmigen Eingang spricht der hochstromfeste Gasableiter an und schließt die Eingangsspannung, z.B. 230V, gegen Erde.

Die Schaltung wurde nun in ein entsprechendes solides, gut isolierendes Gehäuse eingebaut und zur Sprechanlage zugeschaltet.

Schon zwei Tage später ruft der Hausmeister aufgeregt bei uns an, die Sprechanlage sei wieder ausgefallen, er habe die Sicherungen ausgewechselt und nun funktioniere sie wieder.

Wir sehen nach und finden alles in bester Ordnung; Klingel- und Sprechanlage funktionieren. Die Gasableiter allerdings, vorher noch klar und durchsichtig, zeigen einen schwarzen Belag, einer ist sogar blau angelaufen. Da war offenbar Energie am Werk, da muss was geschehen sein!

Wahrscheinlich hat sich der "Saboteur" schon sehr gewundert, als beim wiederholten Versuch, die Anlage totzumachen, es statt wie gewünscht, nicht im Keller, sondern bei ihm in der Wohnung krachte, die Sicherungen herausflogen und es finster wurde. Und dass die Sprechanlage bald darauf wieder funktionierte.

Einmal hat er es noch probiert, dann war Ruhe.

hk 12.05

Service bei Kleintelefonanlagen - eine Chance für Fachbetriebe
----

Wer kennt die großen ISDN-Telefonanlagen nicht, mit "Vermittlung", "Call Center" und ihren Schränken in Großbetrieben. Die großen Firmen, die diese Anlagen liefern, wie Siemens, Alcatel usw. sind bekannt.

Am anderen Ende der Telefonanlagen der ISDN-Privatanschluss, vielleicht noch mit einem Adapter fürs Faxgerät und dem Internet-PC, meist vom Netzbetreiber selber geliefert und installiert.

Dazwischen tut sich ein Betätigungsfeld für den "Fernmelder" auf, das anscheinend noch nicht so recht entdeckt wurde. Die "Großen" haben kein Interesse daran und behandeln dieses "Mittelfeld" mit überdimensionierten Anlagen zu überhöhten Preise und Stundensätzen.

Beispiele dafür sind im SOHO-Bereich (Small Office Home Office) und im Privatbereich zu finden. Die Luxusvilla mit zwei Eingängen und vier Garagen, der Heimarbeiter-Arbeitsplatz, das Architektenbüro, der Freiberufler, die Rechtsanwaltskanzlei, die Arztpraxis usw.

Das sind die Kunden, die ein bis vier ISDN-Anschlüsse und etwa vier bis zwanzig Endgeräte (Telefon, Fax, PC-Karten, Anrufbeantworter usw.) brauchen.

Allerdings darf man hier nicht den Materialverkauf als Einkommen sehen. Mit dem Verkauf kleiner TK-Anlagen samt zugehöriger Telefonapparate allein (ohne Service) ist, ganz klar gesagt, für den Kleinunternehmer kaum ein Geschäft zu machen.

Aber mit einem persönlichen Service kann man sich hier gut im Markt plazieren. Beispiel:

Herr Universitätsprofessor Dr.Z. ruft mich an: "Sie ich habe mir da im Baumarkt eine Telefonanlage gekauft und komm damit nicht klar. Können Sie mir mit der Installation helfen?"

Es kommt gar nicht so selten vor, dass der Kunde sich übernimmt.

Der "klassische" Unternehmer wird sich ärgern, dass die Anlage nicht bei ihm gekauft wurde, und erbost auflegen.

Der "moderne" pfiffige Unternehmer wird vielleicht sagen:" Aber bestimmt gerne! Aber Sie wissen schon, dass die Installation ein Mehrfaches des Preises der Telefonanlage aus dem Baumarkt kosten kann?" Erstaunlich, aber wahr: Das wird fast immer akzeptiert, vorausgesetzt, der Kunde bekommt alles genau erklärt und seine Wünsche punktgenau erfüllt. Dazu gehört auch, dass man den sich vorher ausgerechneten Stundensatz genau nennt (mit Mwst.) und nicht dumm herumdruckst mit den Preisen.

Der klassische Unternehmer wird sich auch weigern, ein schriftliches Angebot "wegen dieser Lappalie" abzugeben oder gar den Kunden zu besuchen.

Der moderne Unternehmer hat PC und passende Programme und das Angebot in wenigen Minuten per email oder Fax seinem Kunden zugesandt. Der Kunde fühlt sich ernst genommen! Und erst recht, wenn jemand vorbeikommt, dem er sein Anliegen umständlich erklären kann. Dem Kunden wird nach Besichtigung eine Planung nach seinen Wünschen vorgelegt (hier kann man zusätzliches Material verkaufen) und ein Budget genannt, also ein Betrag, mit dem er rechnen muss (inklusive Mehrwertsteuer), das ist ganz wichtig. Für die Auftragserteilung hat man somit fast alles schon vorbereitet.

Ich weiß, dass solche Tätigkeiten vielen "Unternehmern"(eher "Unterlassern") nicht schmecken. Ich selber hatte einen Bewerber, der mir, nachdem ich ihm alles genau erklärt hatte, verzweifelt fragte "Etwas nur am PC haben Sie nicht für mich?"

Dass dann der vereinbarte Installations-Termin exakt eingehalten wird, ist selbstverständlich. Besonders in einer Zeit, in der das Einhalten von Terminen und Preisen im Handwerkerkreisen durchaus verpönt zu sein scheint.

Und dass alle notwendigen Werkzeuge, Schrauben, Dübel, Dosen, Kabel, Prüfgeräte (!) und, ganz wichtig, neben der soliden Fachkenntnis die Charme mit eingepackt wurde, auch. Dann kann es ja losgehen.

Das abschließend voll funktionierende System wird dem Kunden ausführlich erläutert und vorgeführt. Davor haben Sie doch keine Angst? Auch Zeitmangel ist keine Ausrede. Sie haben doch einen Stundensatz vereinbart und ein Budget erstellt?

Wenn der Kunde seinen eigenen, passenden PC hat und auch Kenntnisse erkennbar sind, besteht nach meiner Meinung kein Hindernis, die Software des Konfigurationsprogramms der TK-Anlage auf dem Kunden-PC zu installieren (es gibt also doch etwas am PC!). Viele Kunden sind PC-Fans und stellen ihre Anlage nach einiger Zeit selber ein. Wer sich dann im Programm verheddert und totales Chaos programmiert, braucht Hilfe, und wer kann da wohl helfen? Eine weitere Geschäftsmöglichkeit winkt (zum Stundensatz, siehe oben)...

Es macht immer einen vorzüglichen Eindruck, dem Kunden nach Fertigstellung und Abnahme die programmierten Kundendaten auf Diskette zu übergeben. Die Sicherung haben Sie ja auf Ihrem PC?

Wer aber dann erst nach Wochen oder gar erst nach Mahnung des Kunden (!!) die Rechnung schickt, darf sich nicht wundern, wenn der Kunde sich nicht mehr an die viele Arbeit bei ihm erinnert und Positionen der Rechnung anzweifelt. So wird der Ärger programmiert.

Papierkrieg hin oder her: Wer sich die einwandfreie Funktion seines Werkes gleich nach der Vorführung bestätigen lässt und dann zu Hause sofort fakturiert, weiß genau, was den erfolgreichen Unternehmer ausmacht. Und er wird (besonders beim folgenden Zahlungseingang) und Folgeaufträgen dann viel mehr Spaß am Geschäft haben.

k/s 10/01

Grundprinzip des SIM LOCK

Es gibt zwei Rechner, einen im Mobilfunkgerät MS, hier gemeint der Teil, der mit der SIM-Karte korrespondiert, einen anderen auf der SIM-Karte.

Beide Rechner müssen miteinander Daten austauschen für z.B.

- PIN: Eingabe am MS, Übertragung auf SIM-Karte, dort Prüfung ob Eingabe korrekt, dann erst Freigabe der Tastatur etc. des MS zur Aussendung der IMSI usw., dann Start des Einbuchens in das Netz.

- IMSI: Schlüssel, Authentikation: Die SIM-Karte enthält die IMSI des Teilnehmers, den geheimen Schlüssel etc., damit der Teilnehmer sich im Netz identifizieren kann (Vergleich der im Netz (HLR, VLR) gespeicherten Daten mit den vom MS übertragenen Werten usw.)

Genauso findet eine Interaktion zwischen dem MS (durch Einschalten, Tastenbedienung) und der SIM-Karte bei der Abfrage des SIM LOCK statt:

Eine Programmierung des MS fordert zuerst von der SIM-Karte deren Identifikation als Netzbetreiberkarte ab. Ist diese korrekt, können oben bezeichneten Vorgänge ablaufen. Ist eine andere Karte im Gerät, kann nicht auf deren Netz zugegriffen werden.

Der Radius-Server

Die Radius-Server im Telekommunikations-Netz erzeugen für jede vollständige und abgeschlossene Verbindung zwei Kommunikationsdatensätze (Call Data Record, auch Call Detailed Record, CDR) zur Weiterleitung an das abgesetzte System zur Entgeltabrechnung:

Im Start-Record ist der Zeitpunkt des Beginns der Verbindung, die Benutzerkennung, die zugeteilte IP-Adresse, die Session-ID u.a. systemspezifische Daten enthalten.

Im Stop-Record ist der Zeitpunkt des Endes der Verbindung, die Dauer der Verbindung in Sekunden, die Benutzerkennung, die zugeteilte IP-Adresse, die Session-ID u.a. systemspezifische Daten enthalten.

Die aus den Radius-Servern an das Abrechnungssystem übergebenen Verbindungsdatensätze enthalten die Zeitpunkte des Verbindungsaufbaus und des Verbindungsendes, sowie die Dauer der Verbindung mit einer Genauigkeit von 1s.

Der Start-Record hat nur informatorischen Charakter, die Abrechnung erfolgt nur anhand des Stop-Record bzw. der darin enthaltenen Verbindungsdauer.

k/s 08/06

5 Millionen Verbindungsdatensätze

"Anbei erhalten Sie die Akten samt CD-ROM mit dem Auftrag, ein schriftliches Gutachten zur Richtigkeit der Abrechnung zu erstellen..."

Groß die Überraschung: auf der CD befinden sich 5 Millionen Datensätze, die ein Verbindungsnetzbetreiber einem anderen als Abrechnung übersandt hat. Diese Abrechnung ist strittig.

Da geht also nichts mit Handarbeit oder MS Excel. Ich denke da gar schon an Oracle und deren Datenbanken. Sicherheitshalber frage ich unseren SV-EDV-Experten, der empfiehlt mir Microsoft Access. Auf meine Bedenken hin meint der: "Also so schlecht ist Microsoft auch wieder nicht!"

Wenn schon, denn schon: kurzfristig buche ich einen Express-Kurs bei einem nahegelegenen Computerhaus für MS Access. Nach dessen Abschluss habe ich aber den Eindruck, dass mir doch noch viel an Know-how für eine erfolgreiche Arbeit fehlt. Also wird Access gekauft, ohne Probleme installiert und selbst getestet.

Dabei stellt sich heraus, dass das Abfragen der Datenbank gar nicht so das Problem ist, das macht sogar Spaß. Weniger Spaß macht aber das Einlesen der 5 Mio.Datensätze von der CD. Diese sind zwar in Klartext (ASCII), aber Access mag diese Zahlen nicht. Bis ich auf die Idee komme, die Felder der Datenbank als "Text" zu definieren: sofort ist die Datenbank da (Korrektur: mit dem etwas älteren Dell-PC mit WIN98 dauert es etwa 9-12 Minuten).

Nun kann es losgehen, Access stört sich gar nicht an der Felddefinition als Text, es rechnet mit diesen Feldern problemlos.

Aus den Akten gehen Tag- und Nachttarife etc. hervor, das ist rasch geprüft, Dauer und Kosten der Verbindung sind schnell kontrolliert. Einige Fehler sind schon zu erkennen, da wurde ein höherer Nacht-Tarif als vereinbart verwendet.

Große Überraschung dann bei den selbst gewählten Plausibilitäts-Checks. Nach einem Durchlauf durch die gesamte Datenbank fehlen immer 400 Datensätze. Unter 5 Mio.Datensätzen die 400 fehlenden zu suchen, ist aber extrem zeitaufwändig.

Die Idee (nach dem Lesen aller möglichen Abfrageroutinen im Handbuch): Abfrage auf Feldinhalt Null!

Und tatsächlich: da sind schon die vierhundert fehlenden Datensätze. Sie haben alle ein Feld "Verbindungsdauer" mit der Größe Null, das Feld "Kosten" hat aber Inhalt. Das ist nun logisch nicht zu erklären, denn bei einer Verbindungsdauer von Null müssen auch die Verbindungskosten Null sein, ganz gleich, wie hoch der Tarif ist. Und eigentlich sollte in so einem Fall gar kein Verbindungsdatensatz erstellt werden.

Nun kann man das Testen beenden und das Gutachten schreiben: "Aufgrund der übergebenen Datensätze lässt sich die Abrechnung nicht nachvollziehen".

Schlussbemerkung:

Etwa 3 Monate nach Abgabe des Gutachtens ruft der Rechtsanwalt an: "Also das ist ja ein starkes Stück, zu behaupten, dass unsere Abrechnung nicht nachvollziehbar ist!"

Antwort: siehe oben, Felder mit Inhalt Null. Wo bleibt die Logik?

Rechtsanwalt: "Also ja, ähem...Ich hätte da eine Bitte: Ich finde unsere CD nicht mehr, können Sie mir die CD schicken?"

Antwort: gerne, aber nur eine Kopie und über das Gericht.

Zusammenfassung: Nichts mehr davon gehört, Rechnung ohne Abzug bezahlt.

hk 09-2009

15 Jahre Vfg.168/99 - Verbindungspreisberechnung

Seit 1999 gilt die "Vfg.168/99" als technische Anleitung für die Erstellung der Gutachten zur Verbindungspreisberechnung. Der Sachverständige hat es leicht: er mss nicht (und soll auch nicht) etwas zur Verbindungspreisberechnung erfinden, der Rahmen für sein Gutachten wird ihm durch die Verfügung vorgegeben.

In der Vfg.168/99 der RegTP sind festgelegt die Anforderungen

a) an die Erfassung der Verbindungszeitpunkte
b) an die Abweichung der Systemuhr vom amtlichen Zeitnormal
c) an die Entfernungserfassung zwischen den an einer Verbindung beteiligten Anschlüssen
d) an die Genauigkeit der Entgeltberechnung bei kontinuierlicher Zeiterfassung und bei der Erfassung von Zeitintervallen
e) an die Abrechnung von Rabatten und Zuschlägen
f) an die Abrechnung einzelner Kommunikationsfälle auf Guthabenbasis
g) an die Datenübertragung von Kommunikationsdatensätzen von der Datenerfassung zur Datennachverarbeitung sowie
h) an die Protokollierung von entgeltbeeinflussenden Maßnahmen

Im folgenden sollen Erfahrungen mit der Begutachtung von großen und kleinen Netzbetreibern von Fest- und Mobilfunknetzen nach dieser Vfg. kurz dargestellt werden.

a) Zeiterfassungsgenauigkeit (3.1 Techn.Anf.)

Da sollen die Zeitpunkte von Verbindungsbeginn und Verbindungsende mit 500 ms Genauigkeit erfasst werden. Das hat im Anfang vielen Netzbetreibern Probleme bereitet, die am Markt befindlichen Systeme waren auf eine Granularität von 1 s eingestellt. Erst langsam in Laufe der Jahre seit 1999 hat sich das geändert, die Software wurde umgestellt und meist konnte dann eine Granularität von 0,1 s angeboten werden, womit sich die Anforderungen an die Zeiterfassungsgenauigkeit erfüllen ließen.

Allerdings hat sich auch die Frage gestellt: was machen Mobilfunknetze? Wenn die Mobilstation z.B. in einen Tunnel einfährt, ist das Gespräch darin nicht möglich. Die Netzbetreiber halten jedoch in diesen Fällen die Verbindung noch etwa 10..15 s lang. Ist die Unterbrechung nicht länger, kann die Mobilstation das Gespräch fortsetzen, ohne sich neu einzuwählen. Ist die Unter-brechung aber länger, kommt diese "Haltezeit" zur Verbindungsdauer dazu. Frage: wo bleibt da die 500 ms-Genauigkeit? Diese gilt offenbar nur für Festnetze.

Kaum ein Netzbetreiber erfasst Beginn- und Endezeit. Meist wird die Beginnzeit und die Dauer der Verbindung (diese direkt, zumeist mit einem "Counter")) erfasst, die Endezeit könnte man sich daraus herausrechnen.

Gedacht war es aber anders, nämlich die Verbindungszeit als Differenz von Ende- minus Anfangszeit zu bestimmen. Die Verbin-dungszeit sollte auf 1 s genau sein, also teilte man diese Genauigkeitsforderung in zwei Teile, einmal 500 ms am Anfang, einmal 500 ms am Ende.

Eine Auswirkung hat diese Anforderung jedoch nur bei nichtlinearen Tarifmodellen: z.b. unterschiedliche Tarife für Tageszeit und Nachtzeit. Dann könnte z.b. der Tarifsprung ggf. schon stattfinden, obwohl er noch 500 ms Zeit hätte.

Anbieter ohne nichtlineare Tarifmodelle, also wenn rund um die Uhr gleiche Preise gelten, sind von dieser Forderung nicht betroffen, höchstens bei einer z.B.jährlich einmal vorkommenden Tarifanpassung.

b) Abweichung der Systemuhr vom amtlichen Zeitnormal

Hier sind zwei Anforderungen zu beachten:

- Abweichung der Uhrzeit von der des amtlichen Zeitnormals gefordert max. 3 s

- Stabilität der Systemuhr, gefordert für jede Sekunde 10^{-7}.

Während die Uhrzeit z.B. per NTP (Network Time Protocol) von einem passenden Server ausreichend genau bezogen werden kann (auch eine manuelle Einstellung anhand einer Funkuhr wäre leicht innerhalb von 3 s möglich), erfordert die Stabilitätsforderung eine Hardware-Untersuchung des maßgeblichen Taktoszillators, meist einer Schaltung mit einem Schwingquarz. Dazu siehe auch den Beitrag "Stabilität der Systemuhr" auf dieser Webpage.

Die Stabilität der Systemuhr kann daher nicht mit NTP korrigiert oder verbessert werden, kein NTP-Server kann über das Internet in jeder Sekunde die Systemuhr nachstellen. Dazu wäre besser eine Synchronisation z.B. per GPS oder DCF77 geeignet.

Bei dieser Anforderung tun sich manche software-orientierte Sachverständige und besonders die Anbieter von Internetservices schwer, das Auffinden des Steuerquarzes (einer Hardware-Sache) bereitet ihnen stets Probleme. Auch deren Lieferanten sind da ahnungslos; manchmal findet sich aber doch ein beherzter System-Admin, der den Einschub herauszieht, sodass der Gutachter den Quarz sehen und seine Daten notieren kann.

Zu erfassen wäre dann noch, wie die Systemuhr technisch gegen Verstellen gesichert ist bzw. ist die Routine anzugeben und darzustellen.

c) Entfernungserfassung zwischen den an einer Verbindung beteiligten Anschlüssen

Diese Anforderung erwies sich als recht problemlos. Üblicherweise werden alle Ziffern der gewählten Rufnummer gespeichert, ob nun Orts-, Fern- oder Mehrwertverbindung und die Rufnummer des Anrufers = Kunden des Netzbetreibers ist ohnehin bekannt, sodass deren Aufnahme in den CDR leicht möglich ist.

d) Genauigkeit der Entgeltberechnung bei kontinuierlicher Zeiterfassung

Die Zeiterfassung erfolgt im digitalen Zeitalter auch digital, also nicht analog mit beliebiger Anzahl von Dezimalstellen (bis zur "Rauschgrenze") oder , wie in der Vfg. gefordert, mit vier Nachkommastellen. Ob diese digitale Zeiterfassung nun in 1ms-, 8-ms- oder 100-ms-Inkrementen (erzeugt durch die Systemuhr) erfolgt, Tatsache ist, dass es bei der folgenden Abrechnung auf die vom Netzbetreiber oder Provider festgelegten "Abrechnungs-Intervalle" ankommt. Üblich sind dabei 1s, 10s oder z.B. 60-s-Intervalle, manchmal ist das erste Intervall länger (was einer pauschalen Abrechnung von Kurzgesprächen dienlich ist).

Die Intervall-Genauigkeit von 1% bei 100 s Abrechnungsdauer in der Vfg. kann zumeist gut eingehalten werden.

"Gebührenimpulse" werden heute nicht mehr zur Abrechnung verwendet. Wenn diese auf analogen Leitungen oder als digitale Information im ISDN angeboten werden, sind sie nur zur Information des Teilnehmers gedacht, nicht aber zur Abrechnung.

In der Vfg. ist die Verwendung von Korrekturwerten für die Zeitpunkte von Beginn und Ende der Verbindung vorgesehen. Von dieser Möglichkeit wird aber kaum Gebrauch gemacht, die Systeme haben keine Möglichkeit der Einpflegung von Korrekturwerten.

Dann geht es um die Rundung. US-Firmen verstehen darunter oft nur das Abschneiden der letzten Nachkommastelle. In unseren Breiten ist die kaufmännische, auch "5/4tel Rundung" gefragt. Das führt z.B. zu folgenden Ergebnissen:

Ein gesamter Rechnungsbetrag von 0,00500 EUR wird abgerundet auf Null. Ein gesamter Rechnungsbeitrag von 0,00501 wird aufgrundet auf 0,01 EUR.

Viel Diskussion löste die Forderung nach Speicherung der berechneten Verbindungsentgelte netto (also ohne Mwst.) im System. Das hat dann u.a. den Vorteil, dass bei Änderung der Mehrwertsteuer nur wenige Zellen neu programmiert werden müssen.

Bei z.B. Mobilfunkverträgen ist das kein Problem, jedoch es gibt ein Problem bei Pre-Paid. Es wird mit dem privaten Verbraucher immer brutto abgerechnet, weshalb bei vorausbezahlten Entgelten (Pre-Paid) in den IN-Abrechnungssystemen die Bruttobeträge gespeichert sein müssen. Das ist dann allerdings (nach einer RegTP-Entscheidung) im Sinne der Vfg.168/99.

e) Abrechnung von Rabatten und Zuschlägen

Gemeint sind hier Rabatte oder Zuschläge auf einzelne Verbindungen, nicht auf die Gesamtrechnung oder auf einen bestimmten Tarif (das wäre ein neues Tarifmodell, also z.B. ein "Ortsnetz-tarif").

Klassisches Beispiel ist die "Eventgebühr", also die Kosten, die erst einmal jeder Anruf verursacht. Diese Gebühr kann dann ggf. mit den Verbindungskosten oder mit Dienstleistungen verrechnet werden. Beispiel: Auskunftsdienste.

f) Abrechnung einzelner Kommunikationsfälle auf Guthabenbasis

Der klassische Fall dafür sind die Prepaid-Tarife im Mobilfunk. Dahinter steht heute zumeist ein eigenes, zusätzliches IN-Abrechnungssystem, denn wenn das Guthaben während einer Verbindung zur Neige geht, muss die Verbindung unterbrochen werden und das geht nur mit einer "real time"-Abrechnung. Der Gutachter muss sich daher mit diesem IN-System intensiv auseinandersetzen.

g) Datenübertragung von Kommunikationsdatensätzen von der Datenerfassung zur Datennachverarbeitung

Da waren wohl anfangs Bedenken aufgetaucht, die Daten würden zwecks Entgeltabrechnung nach Polen oder Israel per DFÜ übertragen werden, die Einzelverbindungsnachweise dann zurück in der anderen Richtung. In der Praxis sind derartige Fälle wohl nicht vorgekommen.

Probleme machte die Bestimmung der Fehlerhäufigkeit von Kommunikationsdatensätzen (KDS) in Höhe von $10*10^{-10}$. Hier war es zuerst nötig, den Hintergrund zu erforschen. Wer die KDS mit dem X.25-Protokoll übertrug, war da fein raus, dieses Verfahren hatte eine Fehlerkorrektur und die tatsächlichen Fehler waren nach CCITT (bzw. ITU-T) nur mathematisch errechenbar. Ein SV-Kollege hatte da die gute Idee, eine Diplomarbeit dazu auszuschreiben und so kam das staunende Gremium der Verbindungspreis-Berechnungs-SV zu einem Vortrag zum Thema des Diplomanten. Tatsächlich war es der Bundespost schon nach Einführung des DATEX-P-Netzes (das mit X.25 arbeitete) nicht möglich, die Fehler zu zählen, weil das System einfach zu gut war....

Was noch fehlt, wäre eine weitere Diplomarbeit, ob das nun das mehrfach verwendete TCP/IP-Protokoll die gleichen Qualitäten hat; aber da musste man sich bisher auf die Aussagen der Hersteller verlassen.

h) Protokollierung von entgeltbeeinflussenden Maßnahmen

Heute führt selbst jeder PC "Logdateien", in denen Funktion und Fehlfunktion festgehalten werden. Es wäre daher ein Leichtes, bei einer "entgeltbeeinflussenden Maßnahme" (Tarifumstellung, Systemausfall, andere Fehler) dies im Nachhinein anhand der Logdateien zu kontrollieren. Leider sind da viele Netzbetreiber unglaublich unbeholfen, wenn es um die Vorlage dieser Dateien geht, sie wissen nicht Bescheid oder wiegeln ab: "Wie wollen Sie die Millionen

Datensätze prüfen?" Dazu wäre anzumerken, dass hier meist nur ein zeitlich begrenztes Volumen an Logdateien gebraucht wird, zweckmäßigerweise auf einem Datenträger abgelegt, nicht etwa auf Endlospapier.

Da diese Logdateien ebenso lange wie die Kommunikationsdatensätze gespeichert werden müssen, verwechseln SV und Verpflichtete oft beide, was natürlich nicht vorkommen darf.

Bei Gerichtsverfahren will der erfahrene Richter zuerst das Gutachten nach TKG sehen (vorher: "nach TKV") und dann kommt die Frage: Hat das gesamte System im streitgegenständlichen Zeitraum ordnungsgemäß funktioniert? Den Nachweis könnte man mit den Logdateien (= Protokollierung) führen. Bei der TKV stand dies im Par.16. In der Praxis haben da manche Netzbetreiber/Provider so ihre Probleme und oft ist für sie die Lösung, die Klage zurückzunehmen anstatt die Daten zu erheben, zu speichern und vorzulegen...

Zusammenfassung

In den 15 Jahren ihres Bestehens haben sich Regulierer, Verpflichtete und Sachverständige recht gut "zusammengerauft" und die anfangs erhobene Forderung, die Vfg.168/99 zu ändern, wurde nicht weiter verfolgt. Das war natürlich der einfachere Weg.

Die Vfg. ist grundsätzlich eine Festnetzrichtlinie, die Anpassung an die Abrechnungsgenauigkeit von Mobilfunknetzen wird wohl demnächst vorgenommen werden. Richtlinien zur Prüfung volumenbasierter Abrechnungen wurden inzwischen erlassen.

Einheitliche Prüfvorschriften für Funktionen von Hard- und Software der Erfassungs- und Abrechnungssysteme sind aber nicht in Sicht. Das war denn dann doch zu viel der Mühe.

ANHANG

Zum Verhalten vor Gericht

Für Kollegen und solche, die es werden wollen

Das "Wahrnehmen" eines "Termins" vor Gericht gehört zu den normalen Pflichten eines öffentlich bestellten und vereidigten Sachverständigen, gleichwohl sind einige Tipps angebracht.

1.

Eigentlich selbstverständlich: Versuchen Sie stets, den Gerichtstermin einzuhalten. Sagen Sie dem Gericht aber sofort Bescheid, wenn das absolut nicht geht und bieten Sie von sich aus gleich mehrere Ersatztermine (Tipp: gleicher Wochentag!) an.

2.

Lesen Sie sich unmittelbar vor dem Termin Ihr Gutachten und Handakten nochmals durch. Es wäre peinlich, wenn Sie vor Gericht nicht mehr genau wüssten, was Sache ist. Viel souveräner wirken Sie, wenn Sie antworten können: "Das steht in meinem Gutachten unter 2.3.5!"

Die benötigte Zeit können Sie ohne weiteres als Terminsvorbereitung abrechnen. Sollten Sie dazu mehr als etwa 2 Stunden brauchen, sagen Sie es vorher dem Gericht.

Vergessen Sie nicht Ihre Akten und, ganz wichtig, die Terminsladung mitzunehmen.

Aufgrund Erfahrung rate ich Ihnen, mit einem dunklen Anzug und passender Krawatte zu erscheinen. Ich konnte damit jedesmal noch einen deutlichen "Respektszuwachs" feststellen. So eine Bekleidung ist m.E. auch im Zeitalter der "Convenience" vor Gericht vorteilhaft, zu anderen Gelegenheiten mag man da heute anders denken.

3.

Planen Sie die Anreise so, dass Sie mindestens eine halbe Stunde vorher vor Ort sind. Vor allem dann, wenn Sie das Gericht noch nicht kennen. Dann kann es Ihnen z.B. nicht passieren, dass Sie verzweifelt Saal 123 suchen, weil bei Saal 122 Ende ist und Saal

123 in einem nicht ausgezeichneten Nebentrakt liegt. Sie wären dann der Einzige der "Party", der zu spät kommt.

4.

Vor dem Saal gibt es fast immer einen Aushang mit den Terminen des Tages. Sehen Sie sofort nach, ob Ihre Ladung mit dem Aushang übereinstimmt. Ist das nicht der Fall, gehen Sie nicht zum Portier, sondern zur Geschäftsstelle (die Nummer geht aus dem Aktenzeichen hervor) und fragen Sie nach.

Vielleicht wurde der Termin inzwischen sogar aufgehoben, weil sich die Parteien unerwartet geeinigt haben und Sie können gleich nach Hause fahren und die Rechnung schreiben. Oder der Termin musste kurzfristig in einen anderen Saal verlegt werden.

5.

Begrüßen Sie selber vor Ort aktiv keine Prozessbeteiligten, da man Ihnen das als Befangenheit auslegen könnte. Setzen Sie sich lieber etwas beiseite, wenn Sie warten müssen. Die Vorstellung Ihrer Person macht ohnehin das Gericht.

6.

Wenn Sie den Saal betreten, setzen Sie sich am besten zuerst dorthin, wo sonst die Zuhörer sitzen und nicht gleich "in die Mitte".

Zwar sitzt der Sachverständige meist in der Mitte, vor sich den Richter, rechts und links die Parteien. Es könnte aber sein, dass der Richter erst die Zeugen hören möchte (die dann dort in der Mitte sitzen) oder der Richter möchte zuerst "in den Sachstand einführen" und braucht dazu andächtige Zuhörer, und verweist Sie, bis es soweit ist, auf die Zuschauerbänke, was peinlich wäre.

Es könnte aber auch ganz anders sein, dass der Richter Sie bittet, neben ihm Platz zu nehmen oder, was auch schon vorkam, Sie bittet, das Protokoll zu führen (!). Daran ist nichts ungesetzlich, weil der Sachverständige der "Gehilfe des Gerichts" sein soll, und das ist weit auszulegen.

Betrachten Sie das als besonderes Wohlwollen des Gerichts Ihnen gegenüber und nicht als unanständiges Ansinnen.

7.

Merke: Rechtsanwälte lesen aus Ihrem Gutachten das heraus, was nach ihrer Ansicht ihrem Mandanten nützen könnte. Werden Sie also durch eine überraschende Aussage "aus Ihrem Gutachten" konfrontiert, bitten Sie den Parteienvertreter zuerst und bevor Sie auch nur ein einziges Wort der Diskussion von sich geben, den genauen Absatz oder die Seite Ihres Gutachtens zu benennen.

Sie werden sich wundern, was Sie dort alles nicht geschrieben haben! Der Rechtsanwalt hat es aber hineininterpretiert. Bleiben Sie bei dem Sinn und dem Text, den Sie geschrieben haben. Meist gibt der Rechtsanwalt dann gleich nach.

Lassen Sie sich nicht durch die Anwälte der Parteien provozieren. Bleiben Sie stets "souverän", aber nicht abweisend. Besonders beliebt bei Anwälten sind z.b. persönliche Attacken ("Haben Sie zu diesem Thema überhaupt schon Gutachten erstellt?" oder "Wie lange wollen Sie eigentlich noch gutachten?") oder Fragen rechtlicher Natur (die Sie nicht beantworten dürfen).

Fragen Sie dann ruhig den Richter, ob Sie solche Fragen beantworten müssen.

Auch Fragen wie "Benutzen Sie Textbausteine für Ihre Gutachtenserstellung?" brauchen Sie nicht zu beantworten.

8.

Torpedieren Sie um Himmels willen keine Versuche des Gerichts, zu einem Vergleich zu kommen. Es kann sein, dass Sie nach der Protokollierung Ihrer Personalien kein einziges Wort mehr reden müssen (und dürfen), weil es dem Richter nur mehr um die Einzelheiten des Vergleichs geht.

Auch wenn Ihr Gutachten ganz eindeutig der einen Partei die volle Schuld zuweist, dürfen Sie die Vergleichsbemühen nicht durch den Zwischenruf "Aber ich habe doch festgestellt..." beeinträchtigen. Der Sachverständige soll Fragen beantworten, plädieren dürfen nur die Anwälte. Auch in obigem Fall darf das Gericht einen Vergleich vorschlagen; seien Sie deswegen nicht in Ihrer Ehre als Sachverständiger gekränkt; wenn Sie entlassen werden, gehen Sie nach Hause und schreiben Sie die Rechnung. Denken Sie daran: Vor Gericht bekommt man nicht "Recht", sondern ein Urteil. Oder einen Vergleich.

Es ist für Sie wichtig zu wissen: Dem Gericht kommt es nicht darauf an, möglichst viele Verurteilungen auszusprechen, sondern in der gleichen Zeit möglichst viele Verfahren abzuschließen.

Ein Abschluss per Vergleich enthebt den Richter der Pflicht, ein Urteil zu schreiben, er erspart sich eine Menge Arbeit.

Und dazu sind Sie als "Gehilfe" oder als "Schreckgespenst" des Gerichts da.

Werden Sie vom Vorsitzenden "entlassen", was dieser zu protokollieren hat, gehen Sie möglichst sofort. Es hat kaum Sinn, als Zuhörer zu warten, "wie die Sache ausgeht". Außerdem könnten einem der Parteienvertreter noch dumme Fragen in den Sinn kommen, mit denen Sie nicht gerechnet haben, und "weil Sie ja noch da sind" (obwohl entlassen), bekommen Sie Probleme.

9.

Versuchen Sie es erst gar nicht (auch nicht bei dringendem Bargeldbedarf, dafür gibt es Alternativen), Ihre Sachverständigenentschädigung sofort nach Terminende in bar zu kassieren. Oft müssen Sie erst langwierig die Kasse suchen und dann ist die Kasse geschlossen.

Merke: Mit dem Kostenbeamten (meist hinter der Glasscheibe gut vor Ihnen geschützt!) sollten Sie sich nach dem Termin erst gar nicht in eine Diskussion verwickeln lassen.

Sie zahlen nur drauf, können die Abrechnung des Kassierers nicht nachvollziehen und haben nachher womöglich auch keinen Beleg. Dass Sie trotzdem diese Einnahme ordnungsgemäß verbuchen müssen, ist Ihre Pflicht. Merke: Manche Gerichte schicken von jeder Auszahlung von sich aus eine Kontrollmitteilung an Ihr Wohnfinanzamt!

10.

Daher: Suchen Sie zu Hause alle Belege in Ruhe zusammen, rechnen Sie zu Hause in aller Ruhe ab, und schicken Sie die Rechnung gleich ans Gericht.

Denken Sie an die alte Kaufmannsregel: sofort fakturieren!

Dass Sie für Ihren Auftritt vor Gericht denselben Stundensatz und Berufszuschlag wie bereits für die Gutachtenserstellung einsetzen können, ist inzwischen durch mehrere Entscheidungen geklärt.

11.

Von einem Vergleich bekommen Sie keine Urteilsabschrift. Falls ein Urteil ergangen ist, können Sie versuchen, eine Kopie für Ihre persönliche Auswertung per schriftlichen Antrag ans Gericht zu bekommen.

"Automatisch" bekommen Sie nie das Urteil, oft auch nicht, wenn Sie das schon vorher auf dem entsprechenden Fragebogen angekreuzt haben. Besonders in Strafsachen sind die Gerichte da sehr zurückhaltend, versuchen Sie es aber trotzdem.

Manchmal müssen Sie auf Ihre Abschrift sehr lange warten; geht das Verfahren in die nächste Instanz, gibt es oft gar keine Urteilskopie für Sie.

Und noch eines: Manche Gerichte erwarten für die Urteilskopie den entsprechenden Kostenersatz, rechnen Sie also mit einer "Rechnung".

Tipp: Versand von Gerichtsakten, Beweisstücken, Geräten usw.

Es ist kaum vorstellbar, wie leichtsinnig viele Sachverständige und auch Gerichte beim Versand von Gerichtsakten, Streitgegenständen udgl. sind.

Da liegt gestern nachmittags vor meiner Bürotüre, der Allgemeinheit frei zugänglich, ein total zerfleddertes Paket, mit einem Gutachtensauftrag samt Akten.

Ein andermal wieder schaut aus dem Briefkasten ein kompaktes Paket heraus, attraktives Format: Videokassetten oder CDs ? Mich wundert es, dass es noch da ist.

Dieselbe Versandart zu wählen wie das Gericht: das sollte der Sachverständige nicht machen.

Es empfiehlt sich sehr, Gerichtsakten stets per POSTPAKET zu versenden. Da hat man einerseits sofort einen Einlieferungsbeleg, anderseits ist die Sendung auch versichert.

Die Mühe, einen Paketschein auszufüllen und damit zur Post AG - Filiale zu gehen, sollte man sich unbedingt machen. Die Versandkosten sind zwar auch höher, aber noch kein Kostenbeamter hat bei mir bisher die höheren Paketkosten gerügt.

Gerügt wurde ich nur einmal bei der Postfiliale: ein Paket müsse mindestens 1 cm dick sein....Ausnahmsweise habe ich dann "Einschreiben" gewählt, in Zukunft packe ich noch ein paar Kartonstücke zur Sicherung des wertvollen Inhalts dazu, um auf die geforderte Dicke für ein Paket zu kommen.

Wenn hingegen ein Gerichtsakt oder Streitgegenstand bequemlichkeitshalber per Brief oder Päckchen versandt wird, bekommt man keinen Beleg. Das kann sehr nachteilig sein.

Bei Streitgegenständen ist auch zusätzlich ein Lieferschein mit kompletter Detaillierung des Inhalts des Pakets dringend anzuraten.

Wichtige Einzelheit: Bei Paketversand bekommt man auch das Gewicht in etwa bestätigt.

Praktischer Fall

Vier Monate nach Abschluss eines Gutachtens und Rücksendung des Streitgegenstandes fordert mich der Vertreter der einen Partei (nicht das Gericht!) schriftlich auf, den Streitgegenstand sofort seinem Mandanten zurückzugeben.

Da drängt sich mir der Gedanke auf: Aha, jetzt hat er den Prozess verloren, wollen mal sehen, ob da noch vom Gutachter was zu holen ist. Den Eingang des Streitgegenstandes können wir ja mal schon vorsorglich bestreiten.

Frage: Was wäre wohl jetzt passiert, wenn ich keinen Einlieferungsbeleg und keinen Lieferschein gehabt hätte? Nach einem Brief oder Päckchen nachforschen lassen bei der Post AG? Aussichtslos.

Machen Sie jetzt nicht den Fehler, sich mit dem Anwalt über dieses Thema am Telefon zu unterhalten. Ihr Korrespondenzpartner ist in erster Linie das Gericht!

Also höflicher Brief, wie üblich, dreifach ans Gericht, Faxkopie an den Rechtsanwalt: "Anbei Kopie der Ablieferbelege bei der Post AG, sofern ich nachforschen lassen soll, lassen Sie es mich wissen."

Sofort antwortet der Anwalt:"In dem Paket war ganz was anderes als das Gerät meines Mandanten! Statt des Streitgegenstandes haben Sie ein origialverpacktes Neugerät geliefert. Sie haben daher noch das Gerät meines Mandanten, händigen Sie sofort das Gerät meinem Mandanten aus!"

Also hat er, damit schon einmal indirekt zugegeben, dass er das Paket sehr wohl bekommen und zuvor bei seinem ersten Schreiben gewaltig gelogen hat. Außerdem ist die Anmutung absurd. Welcher Sachverständige kauft Neugeräte und schickt sie einer Partei zu.

Das erinnert mich an den Zugang einer Arbeitgeber-Kündigung eines Angestellten, der trotz Zugang eines Einschreiben mit Rückschein behauptete, im Brief sei ein leeres Blatt und keine Kündigung gewesen....

Abhilfe:

Verwenden Sie einen Lieferschein! Drauf sollte die genaue Bezeichnung des Gerätes stehen, inklusive Seriennummer, bei GSM-Funkgeräten auch die IMEI-Nummer. Hoffentlich haben Sie auch noch ein Foto des Gerätes mit dem Typenschild drauf, für alle Fälle.

Wenn nun der Paketempfänger - im Besitze von Gerät und zugehörigem Lieferschein - monatelang keine Reklamation wegen eines angeblich anderen Gerätes erhoben hat, sondern erst nach Verlust des Prozesses, stehen die Chancen gut, dass man alles richtig gemacht hat und Haftungsansprüche wegen angeblichem Verschlampen des Streitgegenstandes keine Chance haben.

Ich glaube aber: Jetzt kommt auch vom Rechtsanwalt nichts mehr nach, mag auch sein Mandant wegen des verlorenen Prozesses "kochen".

hk 02.04

Urteils-Abschriften

Es ist für den Gerichtssachverständigen bei manchen Prozessen interessant zu wissen, ob das Gericht bei seiner Entscheidung dem Gutachten gefolgt ist oder nicht. Man sollte ja das kontinuierliche Lernen nie einstellen, und zu wissen, wie Gerichte mit einer technischen Entscheidung dann juristisch umgehen, ist jedenfalls wertvoll.

Dazu dient dann eine "Ablichtung" des Urteils, da steckt der Begriff "Licht" drin, das dem Sachverständigen beim Lesen aufgehen soll.

Dazu gab es in Bayern vor einiger Zeit bei jedem Sachverständigentag oder bei anderen, fachlichen Veranstaltungen immer einen Redner, von der IHK oder z.b. auch vom Justizministerium, der sagte, Sachverständige können ab sofort selbstverständlich jederzeit eine Urteilsabschrift bekommen, das sei jetzt so in Bayern einheitlich geregelt; dann war immer Applaus gewünscht. Als äußeres Zeichen dieses Regierungsbeschlusses kamen dann die Formblätter mit jedem Gutachtensauftrag vom Gericht, auf denen man den Wunsch nach einer "Urteilsabschrift" oder "Ablichtung" gleich ankreuzen konnte.

Ich habe das dann verschiedentlich ausprobiert: zuerst das Ankreuzen, das hat nie geholfen. Da warte ich heute noch auf Dutzende Urteile. Inzwischen ist es aber zum Thema Urteilsabschrift merkbar ruhiger geworden.

Dann habe ich - nach Abwarten einer gewissen Zeit - selber Briefe an die verschiedenen Gerichte geschickt, und da kam, ich muss sagen, zwar nicht immer eine Urteilskopie, aber jedesmal eine Antwort. Z.B. bei Strafprozessen, auch wenn sie öffentlich sind, tun sich die Behörden besonders schwer, die Urteilskopie herauszurücken.

Was bei den oben beschriebenen großartigen Ankündigungen jedesmal verschwiegen wurde, waren die Kosten, das merkte ich recht bald.

Manchmal kam die Urteilskopie (3 Seiten) gleich mit der Rechnung, wie z.B.:

"anliegende Urteilsabschrift erhalten Sie auf Antrag mit der Aufforderung zur Zahlung der Auslagenpauschale i.H.v. 13,00 EUR " manchmal auch später, d.h. es waren auch schon Fälle von "Vorkasse" dabei. Auch Ablichtungen ohne Kostenrechnung waren dabei!

Eine besonders schöne Rechnung

Die schönste Kostenrechnung kam aber dann von einem bayerischen Verwaltungsgericht, mit folgendem Text ebenfalls für drei Seiten Urteilskopie:

"Kostenrechnung   Betrag EUR
Gebühren und Auslagen nach Par.3 GKG und nach Anlage 1 zum GKG

Von Ihnen sind als Alleinschuldner gemäß Par.28 Abs.1 GKG die nachstehend berechneten Kosten für die Dokumentenpauschale zu entrichten:
(Par.28 Abs.1 GKG:"Die Dokumentenpauschale schuldet ferner, wer

die Erteilung der Ausfertigungen und Ablichtungen **beantragt** hat. Sind Ablichtungen angefertigt worden, weil die Partei oder der Beteiligte es unterlassen hat, die erforderliche Anzahl von Ablichtungen beizufügen, schuldet nur die Partei oder der Beteiligte die Dokumentenpauschale")

KV 9000 Dokumentenpauschale 1.Instanz   9,50

Summe: **9,50**

Sie werden gebeten, den geschuldeten Betrag innerhalb eines Monats zu entrichten.

Diese Rechnung wurde maschinell erstellt und ist daher nicht unterschrieben.

Rechtsbehelfsbelehrung:

Gegen den Kostenansatz können Sie Erinnerung erheben. Das Verfahren über die Erinnerung ist gebührenfrei....." usw.

Da soll noch einer sagen, die Urteilsabschriftserteilung für den Gerichtssachverständigen erfolge nicht ordentlich und geregelt...

Die Kosten sind dabei aber offensichtlich nicht einheitlich und vergleichbar.

Aber wenigstens als Betriebsausgabe kann man diese Hilfe zur "Erleuchtung" absetzen, leider enthält diese Art Rechnung keine ausgewiesene Vorsteuer.

k/s 07-02

www.ingramcontent.com/pod-product-compliance
Lightning Source LLC
Chambersburg PA
CBHW071210240526
45470CB00018B/1699